烘 焙 食 品 行 业 培 训 教 程

★

裱花蛋糕教科书

黎国雄　主编

中国轻工业出版社

图书在版编目（CIP）数据

裱花蛋糕教科书 / 黎国雄主编. —北京：中国轻
工业出版社，2023.4
ISBN 978-7-5184-4174-7

Ⅰ.①裱… Ⅱ.①黎… Ⅲ.①蛋糕—制作—教材
Ⅳ.①TS213.23

中国版本图书馆CIP数据核字（2022）第197761号

责任编辑：马　妍

文字编辑：武艺雪　　责任终审：劳国强　　整体设计：锋尚设计
策划编辑：马　妍　　责任校对：朱燕春　　责任监印：张　可

出版发行：中国轻工业出版社（北京东长安街6号，邮编：100740）
印　　刷：鸿博昊天科技有限公司
经　　销：各地新华书店
版　　次：2023年4月第1版第1次印刷
开　　本：787×1092　1/16　印张：11.75
字　　数：200千字
书　　号：ISBN 978-7-5184-4174-7　定价：78.00元
邮购电话：010-65241695
发行电话：010-85119835　传真：85113293
网　　址：http://www.chlip.com.cn
Email：club@chlip.com.cn
如发现图书残缺请与我社邮购联系调换
210998K1X101ZBW

前言

目前，针对蛋糕裱花课程的教材及书籍偏少。为此，本书紧贴市场发展，系统整理了蛋糕裱花的相关知识。本书裱花的款式新颖，为专业人士提供深造的平台，为业余爱好者提供学习的机会。

本书以实践应用为宗旨，不仅涵盖了最基础的入门知识，还详细介绍制作方法的具体步骤并配有精美的操作步骤图片。对每款蛋糕裱花进行详细介绍和说明，力求使制作方法简单易懂。根据蛋糕裱花流行趋势和市场需要，更加系统完整讲解配色方法、花嘴选择、装饰技巧和手法等知识点，以帮助读者掌握裱花的核心知识，在此基础上还有 33 款作品供大家参照学习，拓宽视野。

蛋糕裱花作为西点制作的一部分，装饰出各式图案及形象生动的情景，集视觉美、色彩美和造型美于每一款蛋糕之中，让人赏心悦目。

接下来带你走进裱花蛋糕的制作天地。

目录

PART

03 蛋糕坯制作   51

PART

04 蛋糕配件制作   65

基础知识

＋ ＋ ＋

工具的认识

设备介绍

 厨师机
烘焙中可用于揉面，搅打蛋白、奶油或者馅料。优质厨师机具备静音，稳定性好，功能性强等优点，做蛋糕用到的搅拌头，以12丝和20丝较多，20丝的搅拌头打发的蛋白和奶油更细腻稳定。

烤箱
目前市场上使用率较高的是风炉和平炉两种。
＋ 风炉又称热风烤箱，通过风扇的热风让整个烤箱升温，所以整个烤箱的温度非常均匀，可以同时烤多层产品，适合烤酥脆类的产品。
＋ 平炉烤箱一般上下各有一组发热管，通过发热对食物进行烘烤，平炉烤箱的上下管温度是可以调节的，一次只能烤一层产品。

冰箱
分有冷藏和冷冻区域，冷藏用于水果保鲜，以及面种的低温发酵。冷冻用于保存肉类，以及各种食物定形。

 电磁炉
用于加热食材，方便调节温度。

 手持搅拌机
用于小分量食材打发。

工具介绍

锯齿刀

用于切割面包、蛋糕等，刀刃有锯齿状的构造。以刀面薄，刀身长，有一定重量的产品为佳。

抹刀

又称为吻刀，用于蛋糕奶油抹面或夹心，刀尖呈圆弧形或直角形，刀面越薄的抹刀，涂抹出的奶油表面越光滑。

水果刀

用于果蔬的削皮和切割。

蛋糕模具

市面使用较多的模具为铝制材料，无涂层的铝制活底模具更适合烤戚风蛋糕，可以根据需要选择不同形状和尺寸的模具。

电动打蛋器

用于搅打混合各种原材料，挑选重量轻、网丝较细的产品使用起来更顺手省力。

长柄软刮刀

用于搅拌混合，一般以耐高温硅胶材料较多。

电子秤

用于原材料的称重，须购买质量精准到克的电子秤。

不锈钢盆

用于原材料的备料、混合等。

奶锅

用于原材料的加热、熬制馅料等。

转台

用于蛋糕抹坯。一般市面上有铝合金、钢化玻璃、不锈钢等材质的转台，选用较有重量的产品更好操作。

冷却架

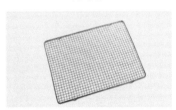

用于烤制好的制品散热。

剪刀

用于蛋糕造型的裁剪，或裱花袋口的剪切。

红外线测温仪

用于在制作过程中检测食材的温度，不需要直接接触食材，就能进行测温。

钢圈模具

用于巧克力片或翻糖皮的切割，钢圈模具也有不同的大小和形状。

擀面杖

用于翻糖配件的制作，可以把翻糖皮擀成想要的厚度和大小。

切割垫

用于翻糖配件的制作，可以直接在表面切割翻糖皮，有一定的防粘作用。

可食用色素笔

用于糖霜饼干的绘制。

铲刀

用于巧克力配件的制作，铲刀有多种长度和宽度规格。

玻璃纸

用于巧克力配件制作和裱花手绘转印。

裱花嘴

用于蛋糕花边和花卉的制作。裱花嘴有许多尺寸规格，大多用金属材料制成，适用于鲜奶油、奶油霜、蛋白霜、豆沙等材料。

裱花钉

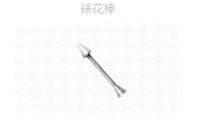

搭配裱花嘴裱制花卉。裱花钉也有大小不同的尺寸选择，建议选择金属材质的。

裱花棒

用于奶油花卉的制作，搭配裱花嘴使用。

油画刀

用于蛋糕刮刀画制作，或者小面积的奶油涂抹。

毛笔

用于裱花手绘的表面修整，一般选用柔软不易掉毛的。

裱花剪

用于韩式裱花组装。

透明刮片

用于弧形蛋糕制作，可以随意调整弧度。也可用于奶油表面的修整，使奶油表面更光滑。

筛网

用于粉类、液体类材料过筛，避免材料结块，混入杂质等。

热熔枪

用于蛋糕底座打桩，配件黏合。

硅胶膜具

用于制作各种款式的装饰配件，硅胶的特点是耐高温，耐腐蚀，抗撕拉性强，仿真精细度高，适用于巧克力、翻糖、艾素糖等材料。

保鲜膜

用于食材保鲜、保湿等。

密封袋

用于食材保湿。

硅胶垫

用于高温食材的制作和定形，如
艾素糖。

蛋糕底托

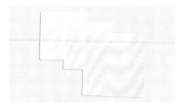

用于盛放制作好的蛋糕，一般材
质以塑料和纸质较多。

不粘烤盘

用于蛋糕坯、饼干的烤制。

水果夹

用于水果或其他食材的摆放。

水果勺

制作蛋糕夹心时，用于盛取颗粒
较小的水果，也可用于盛取果馅
这种水分较多的食材。

收纳盒

用于食材、配件、用具的收纳和
保存。

镊子

用于夹取细小的食材，如小糖
珠等。

钢尺

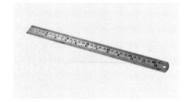

用于衡量制品的长短。

印压模具

用于翻糖或饼干的制作，根据需
要选择不同的形状和大小。

食材的认识

大豆油

大豆油是由大豆压榨而成，大豆油用于制作海绵蛋糕和戚风蛋糕时，能够帮助蛋黄乳化，保留水分，改善蛋糕的口感，增加风味，使组织更加细腻柔软。

黄油

黄油是由牛奶中提炼出来的油脂，营养价值丰富，蛋糕里的黄油可以使蛋糕蓬松、柔软、绵密。常用的黄油种类有自然发酵、非发酵、有盐、无盐，根据不同的产品进行选择。

玉米糖浆

玉米糖浆由玉米淀粉制成，用于制作糖皮可增加其延展性和保湿性，质地更佳。同时还可以降低成品的甜度，也可用于蛋糕制作。

香草糖浆

香草糖浆是由糖、水、香草荚熬制而成，在蛋糕制作中添加香草糖浆，可以增加蛋糕体的风味，也可用于蛋糕夹心的调味。

蜂蜜

蜂蜜是一种天然糖浆，用于蛋糕或西饼中增加产品的风味和色泽，同时起到保湿的作用。

砂糖

砂糖是由甘蔗和甜菜中提炼而来，蛋糕里的糖可以使蛋糕更加柔软，同时糖的吸水性还能起到防腐的作用，高温有利于美拉德反应的发生，从而使蛋糕的颜色更能引起食欲。做蛋糕时一般选用细砂糖。

糖粉

糖粉是由晶粒粉碎得到的最细白糖，因此糖粉很容易溶解，这种特性很适合用来制作翻糖皮和蛋白霜，也可用于蛋糕的制作。

防潮糖粉

防潮糖粉是由葡萄糖、小麦淀粉、植物油、香兰素配制而成。将葡萄糖粉经植物油包埋加工而成，特点是不结块，遇水不易溶化，主要用于蛋糕西点的表面装饰。

艾素糖

艾素糖是由砂糖加工而成。糖度较低，透明度高，硬度大，耐高温，加热过程中不易变色，可以二次造型，主要用于制作糖艺作品。

白巧克力

白巧克力主要是可可膏中分离出的可可脂，再加入香料、糖粉、乳制品等制成。白巧克力可调色，在裱花蛋糕制作中主要用于装饰配件制作和奶油的调味。

黑巧克力

黑巧克力是由可可脂、可可粉、糖加工而成，在裱花蛋糕中主要用于蛋糕装饰配件的制作，奶油的调味，以及蛋糕馅料的制作。

牛奶

牛奶是西点产品中常用的原材料，牛奶可以增加蛋糕的风味，同时使蛋糕更加细腻柔软。

奶油奶酪

奶油奶酪是一种发酵的乳制品，含有丰富的乳酸菌，营养价值高，一般用于制作酱料、芝士蛋糕、慕斯蛋糕等。

奶油

奶油是由牛奶中分离的脂肪，脂肪含量在35%的奶油才能打发使用，广泛应用在裱花蛋糕的抹面和夹心调味。在日常的练习中可以选用植物奶油，是一种由植物油、糖等原料经过加工制成的人造奶油，成本低，稳定性好。

果酱

果酱是一种带果肉的水果制品，质地较稠，主要用于蛋糕、面包的夹心制作。

果茸

果茸是由新鲜的水果提取后冷冻处理，极大限度保持了水果风味。由于果茸的质地细腻，可用于奶油调味和慕斯制作。

食用色素

从可食用原料中提取。常用的色素有水油状、膏状、粉状（水性和油性）。巧克力调色、喷砂调色，用油性色素；淋面和蛋糕制作，用水性色素较多。

食用色粉

食用色粉由果蔬提炼而来。有些食用色粉中含有亮粉，主要用于翻糖成品、巧克力配件、艾素糖配件表面的上色装饰。

玉米淀粉

玉米淀粉是由玉米中提炼出来的淀粉，在制作戚风蛋糕时加入玉米淀粉可以降低低筋面粉的筋度，防止蛋糕因为筋度太强，产生收缩的现象，口感会更加轻盈细腻。

杏仁粉

杏仁粉由杏仁磨粉制成，用于蛋糕甜品制作可以使成品有独特的坚果香，增加口感层次。

抹茶粉

抹茶粉由茶树在遮光覆盖后采摘的茶叶，经过杀青、烘干、碾茶、研磨等工序制成。在裱花蛋糕制作中，添加抹茶粉，蛋糕制品带有清新的抹茶香，也可用于蛋糕馅料的调制或者用于奶油的调味、调色。

可可粉

可可粉由脱脂的可可豆研磨而成。可可粉在西点中应用广泛，在蛋糕糊中加入，蛋糕会带有浓郁的巧克力香味。

低筋面粉

低筋面粉是由软质白色小麦磨制而成，蛋白质含量较低，几乎没有筋力，延展性弱，弹性差，适合制作蛋糕、饼干类产品。在蛋糕制作中，面粉的面筋构成蛋糕的骨架，淀粉起到填充作用。

鸡蛋

鸡蛋的热量低，富含蛋白质，是西点产品常用的原材料。蛋糕制作中，在蛋黄中打入空气时，它可以起到乳化的作用，蛋黄中的油脂也可以给蛋糕带来松软的口感，蛋白有非常好的发泡能力，可以增加蛋糕的弹性，在烤箱内加热，鸡蛋的气泡会膨胀起来，再持续加热，气泡膜会凝固，保持膨胀起来的形状，这是因为鸡蛋中的蛋白质因热凝固。

白豆沙

白豆沙由芸豆熬制而成，在裱花蛋糕中主要用于韩式裱花的制作，也可作为馅料使用。

糯米托

糯米托由糯米和淀粉制作而成，主要用于奶油花卉的制作。

吉利丁片

吉利丁片大多由猪骨、猪皮提炼而来。吉利丁片使用前必须在水中浸泡，待干性的胶质软化成糊状再使用。吉利丁有遇热融化，遇冷凝固的特性，因此广泛应用在冷冻类甜点产品中。

盐

不加盐的蛋糕甜味重，食后生腻，而盐不但能降低甜度，使之适口，还能带出独特的风味。

奶油的认知

✢ ✢ ✢

一、奶油的用途

奶油是裱花蛋糕中必不可少的原材料，除了用于制作传统蛋糕，奶油还广泛应用于慕斯蛋糕和料理中，可以起到提味、增香的作用，还能让点心变得松软可口。

二、奶油的分类

常用的奶油分为三大类：植物奶油、动物奶油、乳脂奶油。

三、植物奶油

植物奶油以大豆油等植物油和水、盐、奶粉等辅料加工而成，相较于其他奶油，植物奶油价格低廉，稳定性好，可反复使用，但口感差，有明显的香精味，少量产品可能含有反式脂肪酸，多食对健康不利。随着生活水平的提高，目前市场上大部分的植物奶油用于日常练习、产品展示，或者和动物奶油调配使用。

植物奶油的储存以及解冻方法

植物奶油需要冷冻保存（-18℃），在打发之前需要提前解冻到2~4℃（带有少许冰渣），常用的解冻方法有三种：

1. 提前一天从冷冻室取出，放入冷藏室解冻，这个方法解冻的奶油比较稳定，但解冻时间较长。
2. 室温解冻，这个方法解冻奶油耗时更短，但相较于冷藏解冻，稳定性较差。
3. 浸水解冻，这个方法解冻奶油稳定性差，但耗时最短，适合应急使用。

植物奶油的打发方法

1. 把带有少许冰渣的奶油倒入搅拌桶中，用低速打到奶油呈酸奶状。
2. 用中速打发至中性发泡。
3. 再慢速搅拌半分钟消泡。

植物奶油打发前的状态。

低速打发至顺滑的酸奶状。

中速打发至7~8成，奶油有明显的温度，能拉出直立的尖角的状态。

小贴士

1. 打发好的奶油如何保存？

解决方法 ✤ 打发好的奶油可以盖上保鲜膜，放入冰箱冷藏保存，不可冷冻，冷冻会破坏奶油的稳定性。

2. 打发好的奶油变软了怎么办？

原因 ✤ 奶油里的冰渣没有完全解冻就打发奶油，奶油打发好后，冰渣慢慢融化，奶油变稀。
✤ 室内温度过高，奶油温度随之升高，奶油慢慢变软。

解决方法 ✤ 奶油温度在 10℃ 左右可以直接再次打发。
✤ 奶油温度较高，可加入新的奶油再次打发或放入冰箱降温至10℃左右再重新打发。

3. 打发的奶油变粗糙，有大气孔怎么办？

原因 ✤ 奶油长时间置于室温。
✤ 奶油反复多次使用。

解决方法 ✤ 加入新的奶油搅拌均匀。

四、动物奶油

动物奶油由牛奶提炼而成，也称淡奶油，脂肪含量为 30%~36%，有自然的奶香味，入口即化，但稳定性差，对温度的要求较高。动物奶油广泛应用于裱花蛋糕制作，馅料夹心的调制，高级慕斯、冰淇淋、茶饮的制作等。动物淡奶油本身不含糖，所以打发的时候要加糖调味。

动物奶油的储存方法

动物奶油须冷藏保存（4℃左右），切记不可冷冻，冷冻会破坏奶油的组织，使其呈豆腐渣状态。

动物奶油的打发方法

1. 把动物奶油倒入搅拌桶中，动物奶油的量不要低于搅拌器高度的 1/3，这样比较容易把空气搅打进去。

2. 加入细砂糖，每100克奶油加入8克细砂糖。

3. 用中速打发至需要的状态。

中性发泡

奶油表面有一定的光泽，没有流动性，奶油偏软，顺滑，有明显的纹路，能拉出软鸡尾状，这种状态的奶油适合制作馅料或者用于蛋糕表面的调色抹坯。

湿性发泡

呈浓稠的酸奶状，有一定的流动性，拉起奶油滴入碗中，有一定的纹路，保持10秒左右纹路消失，这样状态的奶油适合制作慕斯、冰淇淋、茶饮奶盖等。

干性发泡

奶油没有明显的鸡尾状，组织较为粗糙，呈哑光状态，适合制作蛋糕的抹坯奶油和夹心。

✤ **奶油打过的状态**

水油分离

小贴士

1. 打发好的奶油如何保存？

 ✦ 打发好的奶油可放入冰箱冷藏保存，由于动物奶油的稳定性较差，不建议一次打发太多，最好一次用完。

2. 夏天温度较高，奶油越打越软怎么办？

 ✦ 在打发奶油前，将搅拌桶和搅拌器放入冰箱冷冻半小时，再倒入奶油打发。
✦ 打发奶油时在容器的外部绑冰块进行降温。
✦ 可以在奶油里加入少量融化好的吉利丁液、黄油或者芝士，一起打发，增加稳定性。

3. 用不完的淡奶油如何保存？

 ✦ 在剪开淡奶油的盒子前须确认使用的分量，如果会有剩余，口子剪小一点，用完以后用夹子夹紧或者折好，用保鲜膜包裹。
✦ 倒入高温灭菌过的密封袋保存，这样的淡奶油可以保存 7~15 天。

4. 动物奶油打太过，油水分离怎么办？

 ✦ 可以加入约 2 大勺的全脂奶粉，然后用手动打蛋器搅拌一下，可以恢复到正常的状态。这样的奶油可以做慕斯蛋糕、冰淇淋，但不适用于蛋糕抹面、裱花。
✦ 可以继续搅打直到油水彻底分离，这时就得到了黄油和分离出来的牛奶。其实这是家庭制作黄油最简单的方法，分离出来的牛奶可用于制作蛋糕、面包，以增加奶香味。

5. 用动物奶油做好的蛋糕怎么运输？

✦ 动物奶油制作的蛋糕易化，怕热，所以运输过程中可以用保温袋加冰袋的方法给蛋糕降温。

五、乳脂奶油

乳脂奶油其实是混合型的奶油，在市场上的成品一般是动物奶油和植物奶油以3∶7的比例混合而成，也可以根据需要自己控制比例进行调配，乳脂奶油的保存方法和使用方法与植物奶油一致。

乳脂奶油的稳定性较好，易操作，易保存，没有明显的香精味，奶味较淡，口感清爽，价格相对动物奶油更优惠，目前含乳脂奶油在蛋糕店和线上蛋糕店里的使用率是非常高的。

蛋糕配色

✦ ✦ ✦

一、蛋糕调色基础

1. 色相

色相就是人眼看到的具体颜色。

色相

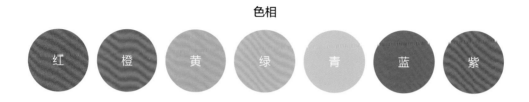

红　橙　黄　绿　青　蓝　紫

2. 纯度

纯度（彩度）是指色彩的鲜艳程度，简单理解就是：颜色中是否含有白或黑。

高 ←——————————— 纯度 ———————————→ 低

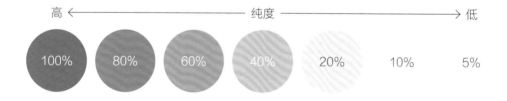

100%　80%　60%　40%　20%　10%　5%

3. 明度

明度又称为色彩的亮度，主要是深浅明暗的变化。

低 ←——————————— 明度 ———————————→ 高

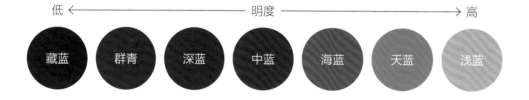

藏蓝　群青　深蓝　中蓝　海蓝　天蓝　浅蓝

二、色环的认识

1.十二色环

十二色环是由原色、间色（二次色）、复色（三次色）组合而成。

三原色：指色彩中不能再分解的三种基本颜色，即红、黄、蓝。可以混合出所有的颜色，三原色是最基本的三色，是一切颜色的原色。三原色同时相加为黑色，黑白灰属于无色系。

间色：由两个原色调出来的颜色，如橙、紫、绿。

复色：将两个间色或一个原色与相邻的间色混合得到的颜色，如黄橙、黄绿、蓝绿等。

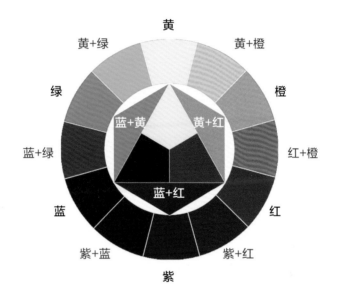

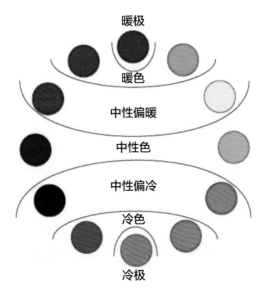

2. 色系

冷色系：冷色系让人觉得清凉、冷清、镇静，由绿、蓝、紫构成的颜色。

暖色系：暖色系让人感觉温暖、活泼、热情，由红、橙、黄构成的颜色。

中性色：黄绿和红紫，黑白灰都属于中性色。

三、蛋糕配色实用技巧

1. 对比色

在12色环中相差3~4格的颜色，如黄与红、红与蓝、黄与蓝。色彩对比效果鲜明、强烈，具有饱和、华丽、欢快、活跃的感情特点，但容易产生不协调的感觉，可以把色彩纯度调低，缓解色彩的冲撞感。

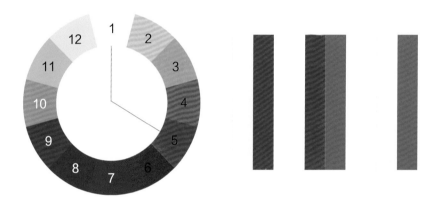

2. 类似色

在12色环上间隔1格的颜色，如红与橙、橙与黄。类似色比邻近色的对比效果要明显些，类似色之间含有同样的色素，既保持了邻近色的柔和、和谐，又具有耐看、色彩明确的优点。需要注意的是，须在明度上有变化，使蛋糕视觉效果不至于太过单调，或者用小面积的对比色作为点缀增加蛋糕的变化和活力。

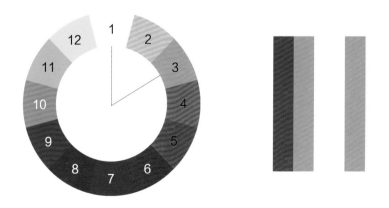

3. 邻近色

相邻的2个或3个颜色，为弱对比类型，如黄绿、黄和黄橙，效果柔和、和谐、雅致、文静。但也感觉单调、模糊、乏味，可通过调节明度差来增强效果。

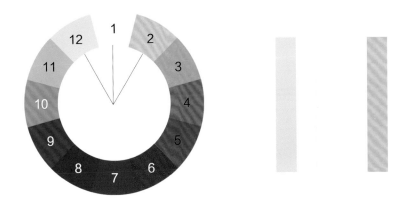

4. 中差色

12色环中相差2格的2个颜色，如：红和黄橙等。为中对比类型，效果明快、活泼、饱满，对比既有相当力度，但又不失调和之感。

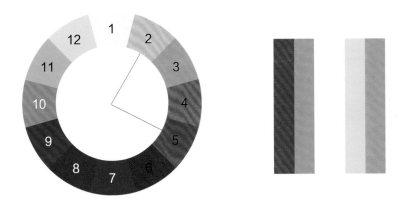

5. 互补色

12色环中相对的2个颜色，如红和绿、黄和紫，为极端对比类型，效果强烈、炫目、响亮、极有力。但处理不当易给人幼稚，粗俗，不安，不协调，没食欲的感觉。

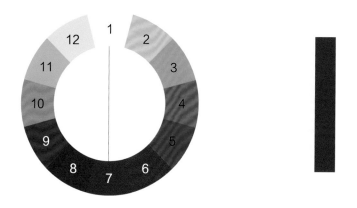

6. 渐变色

渐变色是指同一个颜色的不同明度，形成渐变的效果，称为渐变色。

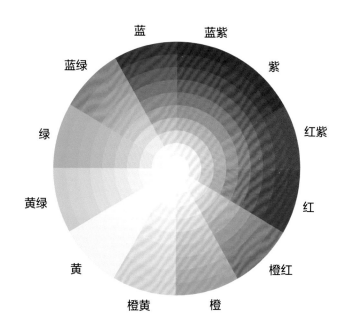

蛋糕抹坯方法

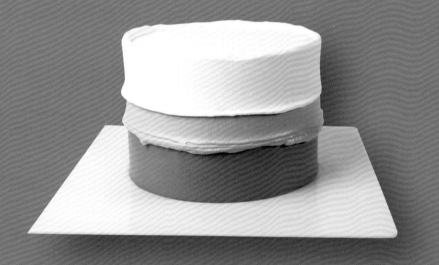

一、抹刀使用方式

1. 抹刀握持姿势

　　右手食指放在刀面1/3的位置，可以调整刀的力度，大拇指放在刀面的左侧，方便调整抹刀的角度，中指放在抹刀的右侧，协助大拇指调整抹刀的角度。

2. 抹刀的角度

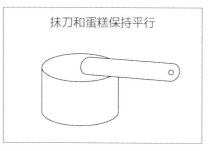

在抹蛋糕上表面的奶油时，抹刀整体和蛋糕的上表面平行。

在抹蛋糕侧面奶油时，抹刀和蛋糕的侧面平行，与上表面垂直。

二、抹坯小技巧

抹刀左右变换倾斜,把奶油推开。　　　　　　　　　　　　将转盘表面奶油抹光滑。

在抹蛋糕表面时,抹刀只有刀的一面接触奶油,角度在30°左右,抹刀角度太大很容易把蛋糕表面的奶油刮太薄,抹刀来回推开奶油,把奶油均匀地铺在蛋糕的表面。

蛋糕表面的奶油推开后,表面奶油不光滑,这时把抹刀刀尖放在奶油表面的中心点,刀的一面贴近奶油,倾斜30°角,不要动,转动转盘,奶油表面经过抹刀后表面变光滑。

抹蛋糕侧面时,要少量多次地加奶油,拿奶油的量不要超过抹刀的一半,在抹侧面奶油时,刀垂直于蛋糕侧面,稍用力把奶油贴紧在蛋糕表面,抹刀左右抹开奶油,同时转动转盘配合。

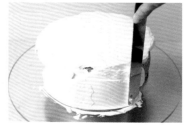

拿奶油不超过抹刀的一半。　　　　加侧面奶油,左右变换倾斜,把奶油抹开。

将蛋糕侧面抹光滑。　　　　　　　抹去蛋糕表面多余奶油,抹刀须超出蛋糕的边缘,并贴紧奶油表面。

三、常用坯型的抹坯方法

直坯蛋糕夹心方法及抹坯技巧

操作
步骤

1 把蛋糕分成厚度均匀的3等份，一个手轻轻地放在蛋糕的表面，另一个手拿锯齿刀，保持锯齿刀平直，来回拉锯，把蛋糕分割成片状。

2 蛋糕坯放在转盘的正中间，位置放偏的话会导致奶油厚度不均匀，用抹刀刀尖把奶油往蛋糕边缘推开，奶油须超出蛋糕的边缘2厘米左右，中间的奶油厚度0.5厘米左右。

3 将水果铺平，水果不要超出蛋糕的边缘，在水果的表面加一层薄薄的奶油，把侧面多余的奶油收到与蛋糕的边缘一致，把夹心也抹平整，以便加第二层的蛋糕坯。

4 第二层水果用同样的操作方法，最后盖上第三层蛋糕坯。夹心制作完成后，需要检查蛋糕坯是否叠放整齐，表面是否平整，有问题及时调整。

5 在蛋糕表面放上奶油，注意刀和蛋糕坯保持在同一水平线上，抹刀来回转动，推动奶油，同时转动转盘，让奶油覆盖整个蛋糕的表面，再把刀尖放在蛋糕的中心点不动，转动转盘，把蛋糕的表面刮光滑。

6   用刀尖少量多次地把奶油加在蛋糕的侧面，每次拿奶油不超过抹刀的一半，刀面一侧倾斜，刀身和蛋糕上表面保持垂直，左右转动转盘，把奶油尽量刮光滑，转盘左右转动的同时要注意抹刀也要变换，转盘往左边转动时，抹刀往右边倾斜，转盘往右边转动时，抹刀往左边倾斜。

7   把抹刀垂直于蛋糕侧面，抹刀一面贴紧奶油，抹刀不动，转动转盘，把奶油表面刮光滑。

8   用抹刀刀面把蛋糕表面多余奶油往蛋糕中心点收平。

9   抹刀刀尖放在蛋糕3点钟方向，转动转盘，抹刀一面贴紧奶油表面，一直保持相同的动作，抹刀不能离开蛋糕表面，在一刀收的整个过程中，转盘保持转动，刀尖往中心点方向移动，抹刀移动到中心后，抹刀慢慢离开蛋糕表面。

10 抹好的直坯蛋糕，表面光滑，侧面与表面垂直。

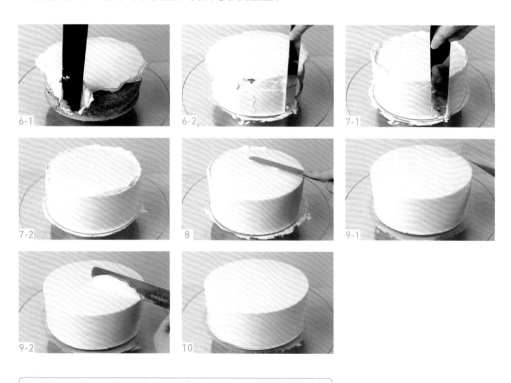

关键点   1. 蛋糕必须放在转盘的正中间。
        2. 抹刀倾斜的方向和装盘转动的方向是相反的。

心形蛋糕裁剪方法及抹坯技巧

1　在做好夹心的直坯蛋糕表面用锯齿刀浅划"十"字作印记。

2　将刀落在"十"字相邻的2个端点，进行裁剪。以相同的方法裁剪出1条相邻的直边。

3　裁剪下来的蛋糕坯，填补在蛋糕坯的另外一侧，注意左右两边要对称。

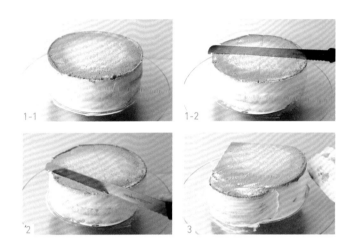

4　在蛋糕填补一侧的中间点切下三角形，形成心形坯的凹槽部分，完成心形坯的裁剪。

5　从坯子的尖角部分开始加奶油，奶油多加一些，超出尖角的边缘，再慢慢边加奶油边将奶油抹到蛋糕的直边部分，抹直边部分不需要转转盘。

6　另一边也是一样从尖角位置开始加奶油，抹到心形坯弧形位置须转动转盘配合，抹刀左右推动奶油。

7　将奶油抹到心形坯的凹槽位置，用抹刀的刀面，贴紧凹槽位置，把多余的奶油刮掉，转动转盘配合。

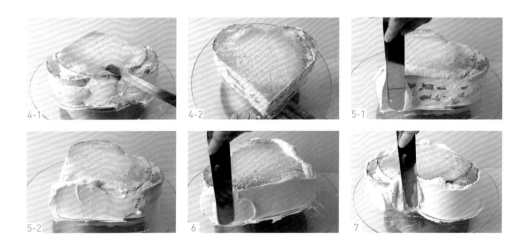

8 蛋糕侧面抹好奶油后，加奶油覆盖蛋糕坯的上表面，刮光滑，用抹刀收掉侧面多余奶油，把表面多余奶油往蛋糕中心点收平。

9 用软刮片的一边贴紧蛋糕的表面，把表面多余的奶油刮光滑。

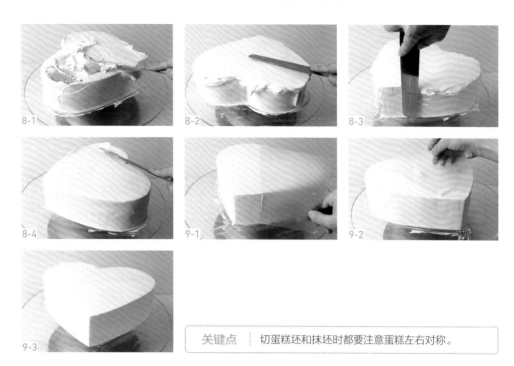

关键点 ｜ 切蛋糕坯和抹坯时都要注意蛋糕左右对称。

方形蛋糕裁剪方法及抹坯技巧

操作
步骤

1 准备一个8寸的蛋糕坯，用尺子在蛋糕半径的位置测量出2厘米的边缘，把4个边缘的蛋糕坯进行切割。

2 将裁剪好的蛋糕坯切成3等份，做好夹心。

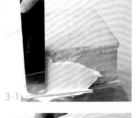

3　方形蛋糕从尖角部分开始加奶油抹坯，奶油须超出尖角部分，抹到一个边的中间点即可，同一个边要从另外一个尖角开始抹奶油，保证尖角位置不要露坯，在抹边的过程，不需要转动转盘。

4　把4个边都均匀抹上奶油后，用干净的抹刀把4个角的多余奶油刮掉，每次抹尖角位置，都要保证抹刀是干净的，同时抹刀要超出尖角边缘。

5　向上表面加奶油，用抹刀来回推动，再把抹刀放在中心点不动，转动转盘，把表面奶油刮光滑，表面的奶油要超出边缘位置2厘米左右。

6　再抹一次侧面奶油，把表面多余的奶油刮掉，刀尖放在蛋糕的中心点，刀不动，转动转盘，把表面奶油抹光滑。

7　用尺子把侧面多余奶油刮掉，做这一步的时候一定要少量多次地刮奶油，避免蛋糕露坯。

8　用软刮片把蛋糕表面的奶油刮光滑，注意刮片要保持垂直，分多次刮，刮片的一面贴紧奶油，用力均匀，力气太大会把侧面的奶油刮到蛋糕的表面。

9　做好的方形坯，边长一致，侧面垂直，表面光滑。

关键点	1. 抹方形坯是不需要转动转盘的。
	2. 用尺子压边再抹光滑，可以更好地修正形状。

弧形蛋糕裁剪方法及抹坯技巧

1 直坯蛋糕做好夹心，用抹刀刀尖把蛋糕的边缘往下压，形成中间凸起的形状。

2 用剪刀修剪掉蛋糕边缘，蛋糕的上半部分呈圆弧形。

3 用刀尖取奶油，左右转动转盘把奶油抹在蛋糕侧面，再用奶油抹蛋糕表面。

4 用抹刀刀尖抹蛋糕的边缘位置，调整好抹刀的角度，反复多次修正弧形部分的奶油，力度不要太大，一点一点把多余奶油修平整，蛋糕大致呈弧形即可。

5 选用塑料软刮片，长度以顶部中心点到蛋糕的底部长度为准，宽度为6厘米左右手指比较好用力，使用刮片时，用虎口夹住刮片，大拇指控制刮片的弧度，食指控制蛋糕的上表面，中指控制蛋糕的中间部分，无名指和小拇指控制蛋糕的底部。

6 刮片和蛋糕表面呈45°夹角，可以根据需要的蛋糕形状进行调整，刮片的边缘位置控制好在蛋糕的中心点，刮片贴紧奶油不动，转动转盘，直到奶油的表面光滑。

7 弧形蛋糕制作完成。

| 关键点 | 用刮片时，只需要刮片的边缘位置轻轻贴紧奶油，刮片固定在蛋糕3点钟的位置保持不动，转动转盘，即可把蛋糕抹光滑。 |

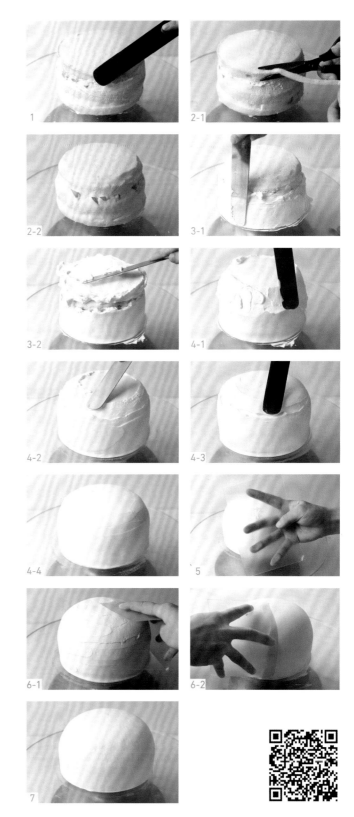

加高蛋糕打桩方法及抹坯技巧

操作步骤

1　在蛋糕盒的中间位置戳一个洞，准备一根吸管，将吸管的一端剪成伞状。

2　在蛋糕盒戳洞的位置，打上热熔胶，放入吸管，固定后，用糖皮把吸管底部封住，避免蛋糕坯和热熔胶接触。

3　蛋糕盒底部抹上奶油，蛋糕坯切成片状，固定好蛋糕坯，蛋糕中间放入奶油和果酱作夹心。

4　蛋糕坯夹心要注意叠加整齐，整体与转台垂直，蛋糕夹心做好后，剪掉多余的吸管。

5　如果想加固蛋糕，可以在蛋糕的外层再围一整片蛋糕坯，包裹住已经做好夹心的蛋糕体，用这个方法要注意蛋糕的尺寸，如果成品是6寸的蛋糕，那就用4寸的蛋糕坯做夹心。

6　蛋糕较高，先抹蛋糕下半部分的奶油，再抹蛋糕的上半部分的奶油，注意抹刀要垂直于转台。

7　加奶油覆盖住蛋糕的上表面，奶油要超出蛋糕的侧面2厘米左右。

8　使大刮片和转台保持
　　垂直的状态，刮片放
　　在蛋糕的3点钟方向，
　　刮片的一面贴紧奶油
　　不动，刮片与蛋糕的
　　角度在30°左右，逆时
　　针转动转盘，直到奶
　　油表面光滑为止。

9　把表面多余奶油向蛋
　　糕的中心点收，再立
　　起刮刀，转动蛋糕把
　　表面修光滑。

四、常用蛋糕奶油上色方法

双色抹坯方法

操作
步骤

1　用裱花袋装好两个颜色的奶油，剪小口，把彩色
　　奶油挤在抹好奶油的蛋糕坯上，注意奶油厚度均
　　匀，不要有缝隙。

2　把蛋糕的表面抹光滑，再抹蛋糕的侧面。

3　收平表面多余奶油，立起刮刀把蛋糕表面修光滑。

关键点	在抹好奶油的蛋糕上再加有颜色的奶油，可以避免色素直接接触蛋糕。在给奶油上色的过程中，要注意，调好颜色的奶油须和抹坯的奶油软硬一致或比抹坯的奶油更软一些，避免抹好的奶油脱落。

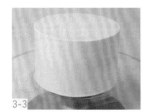

断层抹坯方法

1-1　　1-2

1　调好颜色的奶油用裱花袋装好，挤在抹好奶油的
　　蛋糕上，用抹刀刀尖抹光滑。

2　挤第二个颜色的奶油，用抹刀刀尖抹光滑。

3　挤第三个颜色的奶油，用抹刀刀尖抹光滑。

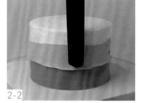

2-1　　2-2

关键点	在抹好奶油的蛋糕上再加有颜色的奶油，可以避免色素直接接触蛋糕。在给奶油上色的过程中，要注意，调好颜色的奶油须和抹坯的奶油软硬一致或比抹坯的奶油更软一些，避免抹好的奶油脱落。

3-1　　3-2

奶油晕色方法

1　　2-1

1　在抹好奶油的蛋糕表面，挤2到3个颜色的奶油，
　　注意颜色要错开。

2　用抹刀把挤好颜色的奶油抹光滑。

2-2

关键点	1. 在用有颜色的奶油时，奶油的硬度要与抹坯的奶油的硬度一致。 2. 在做奶油晕色时，需要抹好坯之后马上进行上色，避免抹坯的奶油表面变干，上色时不光滑。

PART

02 蛋糕花边制作

一、常用花嘴的使用

圆锯齿嘴：圆锯齿嘴有均匀的锯齿状花纹，同样大小的花嘴，花嘴的锯齿越多，挤出来的花边花纹越密。

圆嘴：圆形花嘴挤花边的表面更光滑，圆嘴也有不同大小的型号，可用于制作动物的身体。

叶形花嘴：叶形花嘴因挤出来的花边形似叶子而得名。

一字花嘴：常用的103号、104号、124号等花嘴，都属于一字花嘴，一字花嘴，不仅可以制作花边，也可以制作花卉。

二、常用花边制作手法和角度

 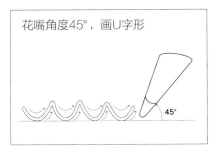

花嘴角度45°，画U字形

绕边：将花嘴贴在底座上，手捏紧裱花袋，边挤奶油，手边画U字形，花边形成弧形。

 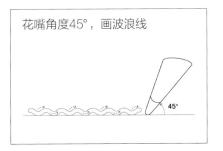

花嘴角度45°，画波浪线

抖边：将花嘴贴在底座上，手捏紧裱花袋，边挤奶油，手边画波浪线（～），花边形成抖纹。

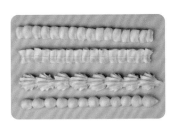 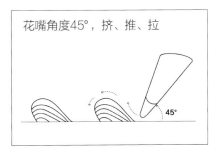

花嘴角度45°，挤、推、拉

挤、推、拉：将花嘴贴在底座上，手捏裱花袋，挤奶油，花嘴再离开底座，往左边推动花嘴，花边折叠，花嘴再往右边拉，减少使力，形成花边。

在花边装饰过程中，挤在蛋糕不同位置需要用不同的角度。

以贝壳边为例：

 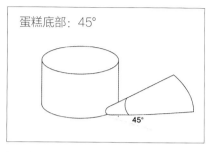

蛋糕底部：45°

花边装饰在蛋糕底部，花嘴和蛋糕呈45°角，花嘴口对着蛋糕和底座之间。

 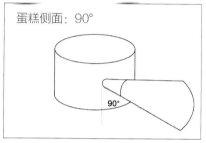

蛋糕侧面：90°

花边装饰在蛋糕侧面，花嘴和蛋糕呈90°角，花嘴口正对着蛋糕的侧面。

蛋糕顶部：45°

花边装饰在蛋糕的表面，花嘴和蛋糕呈45°角，花嘴口倾斜对着蛋糕的表面。

三、常用花边搭配组合

四、常用花边制作方法

贝壳边

中号8齿花嘴，在剪裱花袋的时候要注意花嘴的锯齿部分要全部露出来。

1　花嘴和底板呈45°角。

2　花嘴贴紧底座，挤出0.3厘米左右的奶油。

3　花嘴继续挤奶油，同时把花嘴抬起来往左边推动0.5厘米，花边形成圆弧形。

4　花嘴继续挤奶油，同时花嘴回归到最开始的位置，减小用力，慢慢拖出尾巴。

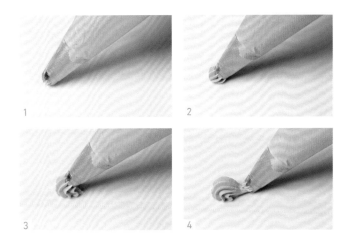

5 在距离第一个花边0.3厘米的位置，同样的方法挤第二个花边。

6 注意大小均匀，贝壳花边就挤好了。

关键点	贝壳边常用于水果蛋糕、卡通手绘蛋糕、复古花边蛋糕、私房装裱蛋糕的装饰。

曲奇玫瑰

工具

中号8齿花嘴。

操作步骤

1 花嘴垂直于底座。

2 花嘴紧挨着底座挤出1个圆点。

3 花嘴继续挤奶油，离开底座0.3厘米左右，往右画圈。

4 围着圆点转一圈，到收尾的位置，挤奶油的力气减小。

5 曲奇玫瑰花边就挤好了。

关键点	挤花边的过程中，花嘴不能往下压，避免花纹不清晰。

星星边

工具

中号8齿花嘴。

操作
步骤

关键点	星星边常用于挤蛋白糖，水果蛋糕、卡通蛋糕表面装饰。

1 用裱花袋装奶油，花嘴垂直悬空于底座的表面。

2 花嘴保持不动，将奶油挤到需要的大小。

3 慢慢地收力，同时花嘴慢慢往上拉出小尖角。

4 星星边就制作完成了。

裙边

工具

操作
步骤

104号花嘴。

1 花嘴和底座呈45°角，花嘴长的一端朝外，短的一端朝里，花嘴短的一端离开底座，角度45°左右。

2 花嘴挤出奶油，一边挤奶油一边往右边画波浪线。

3 挤出连贯的一条花边。

关键点 | 裙边常用于卡通手绘蛋糕、复古花边蛋糕、私房装裱蛋糕、韩式裱花蛋糕装饰。

2-1

2-2

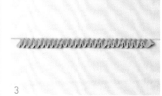

3

弧形边

工具

操作步骤

104号花嘴。

1 花嘴和底座呈45°角，花嘴长的一端朝外，短的一端朝里，花嘴短的一端离开底座，角度45°左右。

2 挤出一点奶油后，右手往右边画U字形，终点和起点在同一个水平线上。

3 同样的方法做出第二个。

4 注意每条弧形边的宽度和高度要一致，弧形边就做好了。

关键点 | 弧形边常用于卡通手绘蛋糕、复古花边蛋糕、私房装裱蛋糕、韩式裱花蛋糕装饰。

1

2-1

2-2

2-3

3

4

圆点边

工具

操作步骤

6号圆形花嘴。

1　花嘴垂直于底座，定在距离底座0.3厘米的位置。

2　慢慢挤出奶油，一边挤，花嘴一边慢慢往上提，往上提的动作不要太快。

3　奶油慢慢堆积形成圆形。

4　一直持续挤奶油，直到圆点达到需要的大小。

5　这时力气慢慢减小，直到不用力气，使花嘴慢慢离开花边。

6　注意每个圆点边都要大小一致，圆点边就制作完成了。

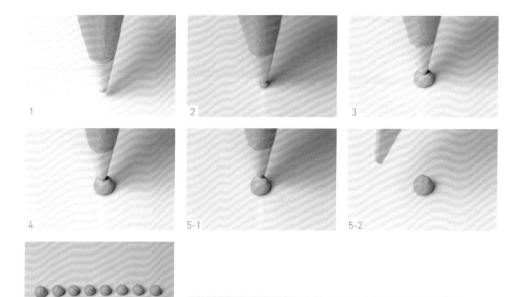

| 关键点 | 挤圆点边一般用六成发的奶油，挤出来的花边表面光滑、圆润。 |

水滴边

6号圆形花嘴。

1　花嘴和底座呈45°角，花嘴放在离底座0.3厘米的位置。

2　花嘴挤出一点奶油，保持不动。

3　挤到需要的大小，花嘴开始往右移动。

4　挤奶油的力气收小，往右，同时花嘴慢慢贴近底座，拖出小尖尾。

5　下一个花边在离前面一个花边0.3厘米左右的位置开始。

6　挤出大小均匀的一条花边。

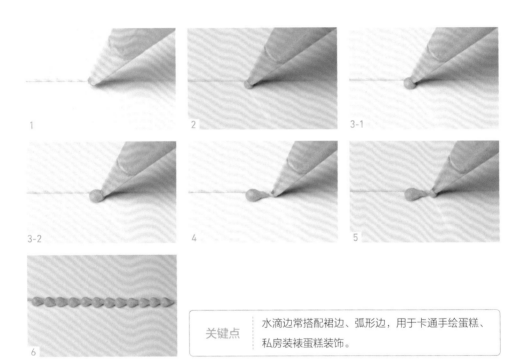

关键点　水滴边常搭配裙边、弧形边，用于卡通手绘蛋糕、私房装裱蛋糕装饰。

褶皱边

工具

操作
步骤

112号花嘴。

1 花嘴扁头朝下，和底座呈45°角。

2 挤出一点奶油。

3 边挤奶油，边往右边拖出尾巴，拖尾巴的同时力气要慢慢收小。

4 继续挤出奶油往左边推和前面的花边形成重叠，做出褶皱的效果，往左边推动时，花嘴稍稍离开底座，挤花边的力度不要太大。

5 做出均匀的一条花边，褶皱边就制作完成了。

| 关键点 | 褶皱边常用于复古花边蛋糕、卡通手绘蛋糕、私房装裱蛋糕装饰。 |

1

2

3

4-1

4-2

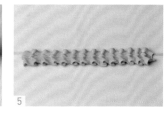
5

戚风蛋糕

✦ ✦ ✦

一、戚风蛋糕制作方法

原味戚风蛋糕

材料

牛奶..............45克	蛋白.............125克
大豆油..........40克	食盐.................1克
低筋面粉........50克	白砂糖..........40克
玉米淀粉..........6克	柠檬汁............3克
蛋黄..............60克	

操作
步骤

1 将牛奶、大豆油混匀，加入低筋面粉、玉米淀粉搅拌至无干粉状。
2 加入蛋黄拌匀备用。
3 将蛋白、白砂糖、食盐、柠檬汁，倒入搅拌桶中。
4 用打蛋机中速搅拌至七成发泡即可。

5　将1/3的蛋白加入面糊中用硅胶软刮刀翻拌均匀。

6　拌匀后加入剩下的蛋白用翻拌手法继续拌匀即可。

7　将蛋糕糊倒入蛋糕模具中，七分满即可。

8　轻振排出大气泡，放入提前预热好的烤箱烘烤。烘烤温度上火170℃、下火160℃，烘烤约42分钟，至表面金黄色即可。

9　取出倒扣至冷却架上冷却后，脱模。

| 关键点 | 1. 同样的配方加入10克的可可粉可做成可可味的戚风蛋糕。 |
| | 2. 海藻糖能够降低蛋糕的甜度，有需要可以替换部分白砂糖。 |

香草戚风杯子蛋糕

材料

玉米油 45克	蛋黄 65克	
牛奶 65克	蛋白 135克	
香草糖浆 5克	细砂糖 50克	
低筋面粉 70克	柠檬汁 15克	
玉米淀粉 6克		

操作步骤

1 将玉米油、牛奶、香草糖浆放入容器中，用手动搅拌器搅拌至完全乳化。
2 加入过筛后的低筋面粉、玉米淀粉，搅拌至无颗粒。
3 加入蛋黄搅拌均匀。

4 蛋白中加入糖和柠檬汁。

5 用电动打蛋器，将蛋白打发至七成，有小尖角的状态。

6 将打发的蛋白分2次加入面糊中搅拌均匀。

7 搅拌好的面糊装入裱花袋中。

8 将裱花袋剪出1厘米左右的口，垂直悬空于蛋糕纸杯上方，保持不动挤出蛋糕糊，到纸杯七成满即可。

9 放入提前预热好的烤箱中烘烤，烤箱温度上火170℃、下火145℃，烘烤32分钟，至表面金黄色即可出炉。

关键点　香草糖浆可换成香草籽加入，牛奶可换成橙汁50克。

红丝绒蛋糕

材料

玉米油 50克

牛奶.............. 50克

低筋面粉........ 50克

红丝绒浓缩液... 5滴

蛋黄.............. 81克

蛋白............. 169克

细砂糖 50克

操作步骤

1　牛奶和玉米油用手动搅拌器混合至乳化。

2　加入过筛后的低筋面粉，搅拌至无颗粒。

3　加入红丝绒浓缩液，混合均匀。

4　加入蛋黄，搅拌均匀。

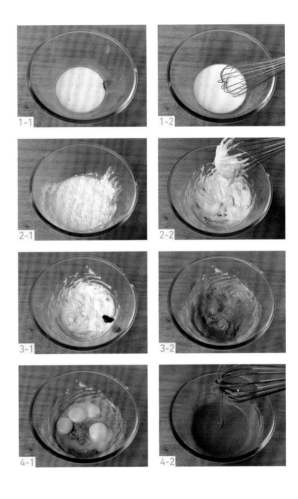

5　清洗干净的搅拌桶中倒入蛋白、细砂糖。

6　低速搅拌，中速打发至七成，蛋白拿起有鸡尾状。

7　分2次把打好的蛋白加入面糊中，用硅胶软刮刀搅拌均匀。

8　搅拌均匀的蛋糕糊，倒在垫好油纸的烤盘中，用刮片刮平整。

9　放入提前预热好的烤箱中烘烤，烤箱温度上火190℃、下火140℃，烘烤25分钟左右，至表面金黄色即可出炉，出炉后需要振盘。

关键点	红丝绒浓缩液可以换成10克的可可粉或抹茶粉变换蛋糕的口味。

二、戚风蛋糕制作常见问题及解决方法

1. 蛋白无法打发

　✣　装蛋白的桶内有油脂或水。
　✣　蛋白里的蛋黄没有分离干净。

　✣　打蛋白的搅拌桶内保证无油脂，无水，无杂物，避免影响蛋白起泡。

2. 烤好的戚风蛋糕顶部下沉

　✣　面糊搅拌不均匀。
　✣　出炉后未及时振盘倒扣。
　✣　蛋糕未烤熟。

✢ 出炉后迅速振盘，蛋糕内部的热气可以在一瞬间和外界实现空气交换，有效避免回缩。

✢ 蛋糕出炉前，用竹签插入蛋糕的中心，如果竹签上黏有蛋糕糊，那么需要加长蛋糕的烘烤时间。

3. 烤好的戚风蛋糕底部凹陷

 ✢ 烤箱的下火温度过高。

✢ 蛋糕模具底部没有清洗干净，有油脂。

 ✢ 调整烤箱的下火温度。

✢ 选用无水、无油的模具烘烤蛋糕。

4. 烤好的戚风蛋糕缩腰

 ✢ 蛋糕没有完全凉透就脱模。

✢ 面糊里的面粉比例过低。

 ✢ 蛋糕须放凉至常温状态，再进行脱模。

✢ 增加面糊里的面粉比例。

5. 戚风蛋糕不膨胀

 ✢ 蛋白没有打发或者蛋白打发后消泡。

✢ 使用的油脂融合性不佳。

✢ 配方里的面粉部分比例过高。

✢ 烤箱的温度太高或太低。

✢ 蛋糕中面糊的比例过高。

 ✢ 蛋白和面糊混合时，不要搅拌过度。

✢ 降低面糊中的面粉比例。

✢ 调整烤箱的温度。

经典海绵蛋糕

❖ ❖ ❖

一、经典海绵蛋糕制作方法

原味海绵蛋糕

材料

鸡蛋............. 150克	低筋面粉........80克
细砂糖.......... 80克	黄油..............30克
蜂蜜.............. 15克	牛奶..............25克

操作
步骤

1 鸡蛋、细砂糖、蜂蜜放入容器中。

2 用手动搅拌器搅拌均匀，隔水加热到40℃，36~40℃的鸡蛋液表面张力最差，所以是最容易打发的温度，因此鸡蛋打发需要隔水加热。

3 用电动打蛋机，高速打发至面糊向下滴落，有明显的纹路，10秒内不消失的状态。

4 过筛后的面粉，分2次加入蛋糊中用硅胶软刮刀搅拌均匀。

5 黄油和牛奶提前加热到40℃，加入蛋糕糊中搅拌均匀。

6 6寸模具中垫油纸。

7 倒入蛋糕糊至八分满。

8 放入预热好的烤箱中烘烤，烤箱温度上火165℃、下火155℃，烘烤45分钟左右。

9 出炉振盘，放凉后即可脱模。

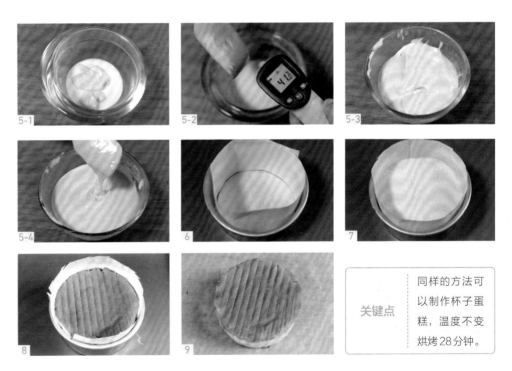

关键点　　同样的方法可以制作杯子蛋糕，温度不变烘烤28分钟。

巧克力海绵蛋糕

材料

蛋白.............. 88克	杏仁粉 25克
糖粉.............. 72克	可可粉 15克
细砂糖 37克	低筋面粉........ 30克
鸡蛋.............. 45克	黄油.............. 30克
蛋黄.............. 61克	

操作步骤

1　蛋白分2次加入糖粉和细砂糖打发。

　（第一次在蛋白起小泡时加，第二次打到蛋白提起呈软鸡尾时加。）

2　打发至七成，搅拌器把蛋白提起有明显的小尖角。

　（这时候的蛋白是很绵密的泡沫状，尖角提起是挺直的，没有很软的鸡尾。）

3　分次加入鸡蛋和蛋黄，慢速打发。

　（这里一定要用慢速搅拌均匀，打发速度太快，蛋白很容易消泡。）

4　加入杏仁粉、过筛后的可可粉和低筋面粉。

5 用软刮刀翻拌均匀。

（用翻拌的手法，蛋白不容易消泡，在翻拌的过程中，每次都要从底部翻拌起来，动作不能太大。）

6 加入融化的黄油，黄油的温度在40℃左右，搅拌均匀。

7 倒入6寸模具中。

8 放入提前预热好的烤箱中，以温度上火165℃、下火155℃烘烤45分钟左右。

9 出炉振盘，倒扣在网架上晾凉，放凉即可脱模。

二、海绵蛋糕制作常见问题及解决方法

1. 搅拌好的面糊消泡严重

+ 蛋液在打发过程中，打发不到位。
+ 黄油的温度过低。融化的黄油温度在40℃左右，黄油温度过低，流动性会降低，也会结块，容易造成严重的消泡。
+ 搅拌过度。
+ 烤箱温度过高。

✧ 打发好的蛋液提起来在蛋液上画上纹路，如果纹路可以10秒内保持不消失，说明蛋液的打发基本完成了。

✧ 搅拌蛋糕糊的过程中，用软刮刀翻拌的手法，不要在同一方向画圈搅拌，蛋糕糊搅拌均匀即可，搅拌的次数越多越容易消泡。

✧ 调整烤箱的温度。

2. 蛋糕坯不膨胀

✧ 蛋糕液消泡。

✧ 蛋糕配方里的油脂比例过高。

✧ 面粉的蛋白质含量太高。

✧ 面糊太干。

✧ 烤箱的温度太低。

✧ 调整配方中的油脂比例。

✧ 面粉尽量选用低筋面粉，面糊不要过度搅拌，搅拌至无干粉无颗粒即可。

✧ 调整配方里面粉和液体的比例。

✧ 调整烤箱的温度。

04 蛋糕配件制作

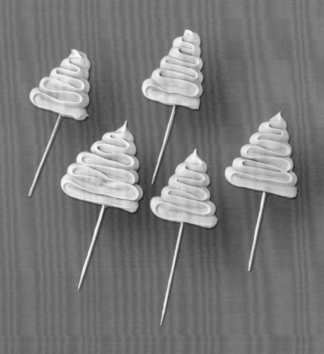

蛋白糖配件制作

✦ ✦ ✦

一、蛋白糖打发方法

材料

蛋白.............100克

细砂糖.........100克

糖粉.............100克

操作
步骤

1 蛋白、细砂糖、糖粉混合，搅拌均匀。

2 隔水加热，水温不要超过60℃，不停搅拌蛋白，加热到50℃，至糖完全溶化。

3 打蛋器高速打发至顺滑，可以拉出小尖勾。

二、蛋白糖调色和造型

4 用小碗分一部分打好的蛋白糖霜，加入蓝色与少许的紫色食用色素，搅拌均匀。

5 调出红、黄、蓝3个颜色，分别装入裱花袋，不用搅拌混匀，做成晕色的效果。

6　用圣安娜花嘴挤出圣诞树的造型：花嘴缺口朝上，边挤糖霜边画S形，做出下宽上尖的效果。

7　用中号8齿花嘴挤出棒棒糖的造型：花嘴垂直，挤一个点并围着这个点挤一圈糖霜。

8　用中号8齿花嘴挤出宝塔糖的造型：花嘴垂直，挤一个点，一边挤一边往上提，力气慢慢收小，拉出小尖角。

9　用中号8齿花嘴挤心形的造型：花嘴垂直，挤一个点，往自己身边拉出小尾巴，再在右边挤一个同样大小的点，拉出的尾巴与上一个重叠在一起。

10　用中号8齿花嘴挤出彩虹的造型：花嘴和烤盘保持120°角，画n字形。用中号圆形花嘴，挤出云朵造型，花嘴垂直，挤一个点，花嘴慢慢离开烤盘。

11　挤好的成品，以烤箱上、下火70℃烘烤2小时左右，要完全烤干，避免返潮，烤好的成品放凉后装入密封罐可以保存3个月。

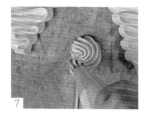

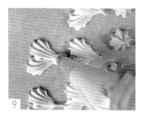
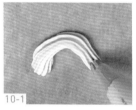
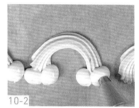
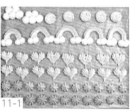

小贴士

1. 调好颜色的蛋白糖变稀

原因
✤ 搅拌的时间太长。
✤ 加入的色素太多。

解决方法
✤ 再加入少量糖粉重新打发。

2. 烤好的蛋白糖开裂、颜色发黄

原因
✤ 烘烤的过程中温度太高。
✤ 蛋白打发太过。

解决方法
✤ 调低烘烤温度。
✤ 打发时随时观察。

3. 烤好的蛋白糖黏底，不好取

原因
✤ 蛋白糖烤制的时间不够，内部没有完全烤熟。

解决方法
✤ 重新回炉，再烘烤一段时间。

4. 烤好的蛋白回软，表面粘手

原因
✤ 加热蛋白时，温度不够。
✤ 所处的环境湿度太高。
✤ 储存的容器密封度不够。

解决方法
✤ 出现这种情况基本没有补救的方法，只能预防这种情况的出现。

翻糖配件制作

✦ ✦ ✦

一、翻糖皮分类

1. 翻糖膏

不防潮不易干，适用于包覆翻糖蛋糕表面。

2. 防潮糖皮

防潮，干得快，可以直接接触奶油，奶油半翻糖蛋糕首选，但保湿性差、延展性不好。

3. 花卉干佩斯

防潮（防潮效果不如防潮糖皮），干得快，能擀出很薄的片状，质地轻盈透光，仿真花卉首选，但保湿性差，花瓣干透后易碎，不可与奶油直接接触。

4. 人偶干佩斯

保湿性好，塑形定形能力强，干得慢，适用于人偶、卡通造型制作，但不保湿，不可与奶油直接接触。

二、翻糖皮制作方法

材料

白巧克力...... 100克	玉米淀粉...... 120克
吉利丁 6克	糖粉.............. 75克
水 18克	泰勒粉 1克
玉米糖浆........ 30克	

操作
步骤

1　吉利丁用冰水浸泡至可轻松撕开即可。

2　隔水加热融化巧克力。

1-1

1-2

2

3 泡好的吉利丁、水、玉米糖浆放一起隔水融化，混合均匀。

4 将步骤3的液体，倒入步骤2的巧克力中，搅拌均匀，搅拌次数不可过多。

5 糖粉、泰勒粉、玉米淀粉过筛后，加入巧克力中，搅拌成棉絮状。

6 用手揉搓成光滑的面团，包上保鲜膜，避免风干，制作好的糖皮可制作各种类型的配件，能够防潮，可直接接触奶油。

小贴士

1. 做好的糖皮有颗粒感

原因 ✢ 糖粉颗粒太大。

解决方法 ✢ 选用较细的糖粉。
✢ 糖粉用很细的筛网多次过筛。

2. 做好的糖皮太硬或太软

原因 ✢ 太硬是粉类材料加太多。
✢ 太软是湿性材料加太多。

解决方法 ✢ 糖皮太硬加糖浆，糖皮太软加玉米淀粉。

3. 在揉搓过程中无法完全融合

原因 ✢ 巧克力和糖浆混合的过程中，搅拌过度，油脂分离。

解决方法 ✢ 出现这种情况没有补救的办法，只能预防这种情况的出现。

三、翻糖配件制作方法

调色

1 取小块糖皮加入色素，反复折叠让色素和糖皮融合到一起。

2 调好颜色的糖皮用保鲜膜包好，装入密封袋中，防止风干。

造型

3 准备好做翻糖配件的工具。

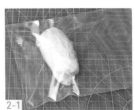

1. 模具类翻糖配件制作（此方法适用于全部模具类的翻糖配件）

1 清洗干净的硅胶模具，均匀抹上少许白油，避免糖皮和模具粘连。

2 取小块糖皮，填满模具的空隙，用小刀把多余的部分切除。

3 进行脱模，脱模的时候从最边缘的位置开始。模具类配件就做好了。

2. 双色糖牌制作

1 模具抹好白油，用糖皮把模具底层的空隙填满，切除多余的部分。

2 换1个颜色的糖皮再填满整个模具，糖皮不要超出模具的边缘。

3 从模具最边缘的位置开始脱模，减少配件的损坏。双色糖牌就做好了。

3. 压膜类配件（雪花）制作

1 蘸取少量玉米淀粉，将糖皮擀成合适厚度，用模具在糖皮上压出形状，确定切割完全，边缘整齐。

2 从压膜最边缘的位置脱模，一个完整的配件就做好了。

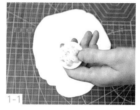

4. 拼接类配件制作

1 用心形压膜压出数个配件。

2 拼接成花形，可以沾水黏接。

3 用小圆球作花心，一朵小花就做好了。

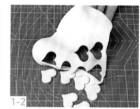

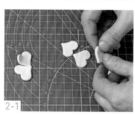

5. 折叠类配件制作

小裙边

1 用圆形模具切割出圆片。
2 手指捏住圆片的边缘，往中间聚拢，形成褶皱，小裙边就做好了。

口罩

1 将擀好的糖皮切割成10厘米×6厘米的长方形。
2 短边分别折出3个折痕，切除多余的部分。
3 放在圆形模具侧边上定形，短边接上圆形长条，口罩就做好了。

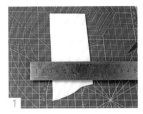
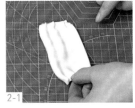

6. 切割类配件制作

衣服

1 擀好的糖皮切割成6厘米×5厘米的长方形。
2 把短的一边用圆形模具切割成圆弧形。
3 切割2条2厘米×5厘米的长条贴在另一条短边上作装饰，制成口袋。
4 在口袋的四周边缘处压出痕迹，做出针线孔。
5 取1条19厘米×5厘米的长方形糖皮，把左上角和右上角的直角切割成圆弧形。
6 用圆形模具侧面定形，制成衣领。

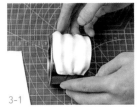

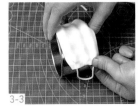

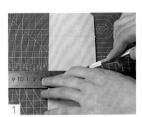

小鸭子

1 用圆形模具在糖皮上压出痕迹，调整形状至椭圆形，切割出小鸭子的头部和颈部。

2 用橙色的糖皮捏出鸭子的嘴巴，与头部拼接到一起。

3 用小刀刀尖在糖皮表面挑出小毛刺，做出毛茸茸的效果。

4 搓出黑小圆点作眼睛。

5 用毛刷刷上粉色色粉作腮红，小鸭子造型就做好了。

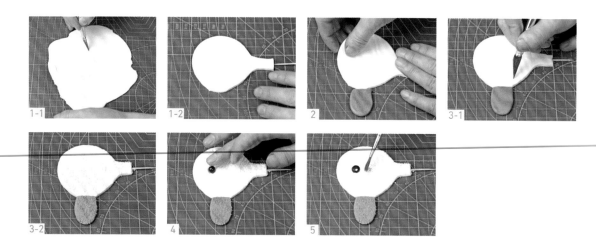

蝴蝶结

1 将擀成0.2厘米左右厚度的糖皮切割出2条14厘米×5厘米的长方形。

2 2个短边对折，留出1cm左右的位置。

3 把两端往中间折，不用黏合。

4 捏住凹槽位置，把两边往下压，捏紧黏合。

5 手指伸入蝴蝶结的空隙位置保持形状，用另一只手把蝴蝶结中心往下压。

6 同样的方法做好另一边，2个黏合到一起。

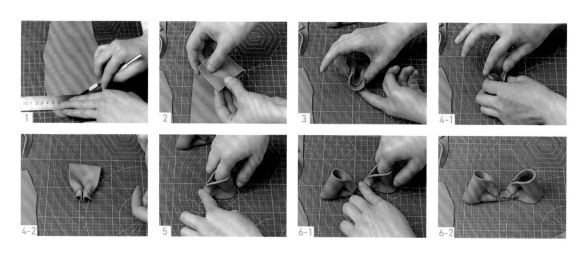

7　另取1条长方形糖皮，折叠出褶皱，刷上纯净水，黏合在蝴蝶结重叠的地方，接口处捏紧。

8　定形，完成蝴蝶结的制作。

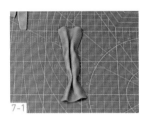   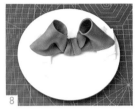

木纹条（此方法适用于各种需要花纹的配件，只需要更换压膜的款式）

1　擀好的糖皮，切割成12.5厘米×3厘米的长方形。

2　用木纹压模压出花纹，木纹条就做好了。

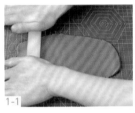 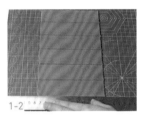 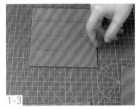

巧克力配件制作

✤ ✤ ✤

一、巧克力分类

常用的巧克力有纯可可脂巧克力和代可可脂2种。

纯脂巧克力是经过可可豆进行提炼制作而成的，纯脂巧克力有多种类型，黑巧克力可含高达90%的可可固形物，牛奶巧克力至少含有10%的可可固形物，而白巧克力只含有可可脂，不含可可固形物。

纯脂巧克力做巧克力配件前都需要进行调温，对巧克力固体粒子间的可可脂固化或结晶化过程中的脂肪结晶方式加以控制。调温的目的是使紧密连接的稳定脂肪分子得到均匀分布。不同品牌的巧克力，其调温曲线也不相同，在对巧克力进行调温时，可参考巧克力外包装上的调温曲线进行操作。

代可可脂是1种使用不同油脂经过氢化后而成的人造硬脂，物理性能上十分接近可可脂，制作巧克力时无须调温并且容易保存。

二、巧克力融化方法

温度和水分对巧克力的影响极大，在融化巧克力之前需要注意以下几点：

1 盛装巧克力的容器必须是无水的。
2 加热巧克力的温度不能过高。
3 搅拌巧克力时，须按同一个方向搅拌，避免空气进入巧克力，产生气泡。
4 避免巧克力加热的时间过长，如果巧克力的量比较大，加热过程中须多次搅拌。

1. 微波炉融化

将巧克力碎块放入容器中，注意要选用微波炉可用的容器，用微波炉的中低火加热2分钟左右，拿出来搅拌，还有没融化的巧克力块须再次加热，再次加热的巧克力30秒搅拌一次，避免巧克力糊底。

2. 隔水加热

将巧克力碎块放入容器中，另用一个容器装水加热至水温45~50℃，把装巧克力的容器放入热水中，注意不要进水，加热5分钟左右（根据巧克力的量调整时间），搅拌巧克力，还有没融化的巧克力块须再次进行加热并搅拌，直到全部巧克力融化。

小贴士

1. 巧克力变稠，流动性变差

 ✤ 巧克力加热的次数过多或加热时间过长，巧克力只是流动性变差，可以用作整片的巧克力或手绘的巧克力，不建议用于模具类的巧克力配件制作。

 ✤ 可在巧克力中加入新的巧克力或少许的植物油。

2. 巧克力加入色素后，色素和巧克力融合性不佳，有色素颗粒

 ✤ 用了水性色素或在巧克力的温度过高时加入色素。

 ✤ 融化好的巧克力降温到 35℃ 左右再加入色素，可以更好地融合。
✤ 用油性色素或用巧克力专用色粉。

3. 巧克力煳底、出油、有颗粒

 ✤ 巧克力加热温度过高且加热时间过长，或隔水加热时进水。

 ✤ 可加入新的巧克力融化或加入色拉油，再用细网过筛后使用。

三、巧克力调温方法

1. 接种法

1 隔水加热巧克力，直到温度达到45~50℃。

2 取出装巧克力的容器，加入新的巧克力，新的巧克力的分量大概是融化巧克力的一半。

3 充分搅拌混合，直到全部的巧克力完全融化，再冷却到30~32℃。

2. 水浴法

1 隔水加热巧克力，直到温度达到45℃。

2 立刻取出装有巧克力的容器放入装有冷水的碗中，隔水降温，用软刮刀不停搅拌，直到巧克力温度降至27℃。

3 将装有巧克力的容器取出，重新加热，用软刮刀不停搅拌，当巧克力的温度达到30℃时，立刻取出，即可使用。

检测调温是否成功

　　将少量巧克力置于玻璃纸上，放入冰箱冷藏7分钟，将巧克力取下，如果取下的巧克力表面光亮无颗粒而且脆硬，即为调温成功。

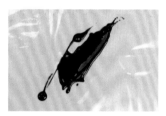 

四、巧克力配件制作方法

1. 模具类配件（小雪花）制作（此方法适用于所有模具类的巧克力）

1 将白巧克力切碎，隔水加热至完全融化。

2 用裱花袋装好融化的巧克力，填满模具的缝隙。

1-1　　　　　　　　1-2　　　　　　　　1-3　　　　　　　　2

3　用抹刀刮掉表面多余的部分。

4　静置20分钟左右，完全凝固后脱模，小雪花配件就做好了。

3

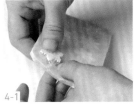
4-1

4-2

2. 空心巧克力配件

1　在硅胶模具中倒满巧克力，放入冰箱冷藏8分钟左右（根据模具的大小调整）。

2　靠近模具表面的一层巧克力会凝固，把没有凝固的巧克力倒出。

3　检查厚度，如果太薄，可以再倒一层巧克力，再次冷冻后进行脱模。

1

2

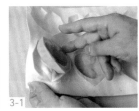
3-1

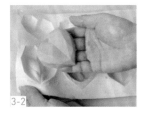
3-2

3. 混色配件

1　调好的紫色巧克力中，加入粉色和黄色，用竹签调和，不要搅拌均匀。

2　倒入模具中，用铲刀把表面多余部分刮干净。

3　静置20分钟左右，完全凝固再脱模。

1-1

1-2

1-3

2-1

2-2

3-1

3-2

4. 双色配件

1 融化的巧克力中加入紫色色素，搅拌均匀，如果凝固了，可以重新加热，调出紫色的巧克力，同样的方法再调出粉色的巧克力。

2 裱花袋装入巧克力，在模具的前半部分挤粉色的巧克力，后半部分填满紫色的巧克力。静置至完全凝固后，脱模。

（脱模前要把模具四边和巧克力完全分离开，避免配件损坏。）

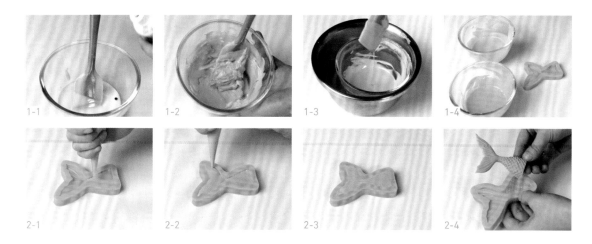

5. 船帆配件

　　做这类需要定形的配件，巧克力需要稍微稠一点，温度30℃左右。

1 硅胶垫上倒少许巧克力。

2 用软刮片抹开。

3 把硅胶垫折叠形成褶皱。

4 用长尾文件夹夹住定形，凝固脱模即可。

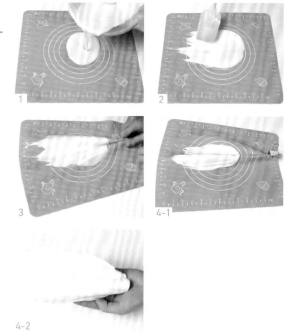

6. 巧克力片

1 融化的巧克力倒在玻璃纸上，用巧克力铲刀把巧克力抹开降温，降温后的巧克力会越来越稠，这时候增加手部的力度，把表面刮光滑。

2 趁巧克力还没有变硬脆的情况下，用光圈模具，按需要进行切割，放入冰箱冷藏后再脱模即可。

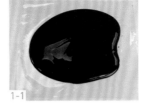

7. 甜甜圈巧克力配件

3 准备好甜甜圈形状的蛋糕或者面包，放在晾网上。

4 用裱花袋装巧克力，淋在蛋糕的表面，多淋几次巧克力，增加厚度。

5 等甜甜圈上的巧克力凝固后，用裱花袋装巧克力，剪小口，在表面挤细丝作装饰。

8. 空心球巧克力配件

6 在球形模具中倒入巧克力，把另外一半的球形模具盖在表面，对好位置，完全贴合。

7 把球形模具进行多次翻转，让巧克力均匀黏在球形模具表面。也可以做2个半球形的配件，再黏合成球形。

8 放入冰箱冷冻20分钟左右，进行脱模。

小贴士

1. 巧克力的保存

做好的巧克力用密封盒装好，放入冰箱冷藏或于干燥凉爽的室温保存。

2. 做坏或者用不完的配件的处理

可以将不要的巧克力配件融化，再做成需要的配件，或装入盒子中保存，下次使用。注意加热融化的温度不要太高。

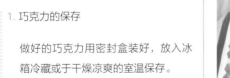

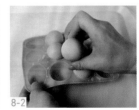

奶油霜制作

✤ ✤ ✤

一、奶油霜制作方法

 材料

操作
步骤

用于绘画

黄油............. 100克

淡奶油............. 50克

糖粉.................. 20克

用于裱花/抹面/花边

黄油............. 100克

淡奶油......... 100克

糖粉.............. 20克

1 常温黄油加入糖粉，用搅拌器打至颜色发白。

2 分次加入常温淡奶油，搅拌均匀即可。

 小贴士

1. 打发时奶油霜呈豆腐渣状或者冷藏、冷冻后出水

 ✤持续搅打至顺滑状态。

2. 调色时色差过大

✤黄油建议使用颜色偏白的品牌，或者加入白色的食用色素进行调节。

3. 奶油霜可以用植物奶油吗

✤可以使用植物奶油，用植物奶油就不需要额外添加糖粉。

二、奶油霜用途

1. 用于图案临摹绘画

奶油霜在常温状态下是软质的固体状态，奶油霜里的脂肪含量比较高，经过冷冻以后可以呈现凝固的状态。

这个特性可以用于图案的转印，没有绘画基础也能做出精美的手绘蛋糕。

2. 裱花

奶油霜可用于裱花，制作方法和豆沙裱花一致，用奶油霜裱花需要把室温控制在22℃左右，做好的花卉放入冰箱冷冻，凝固后再进行蛋糕组装。

3. 花边装饰、抹坯

奶油霜的质感与奶油相同，同样可以用于花边装饰和抹坯。在制作蛋糕时，植物奶油或者动物奶油调配较深的颜色时容易出现染色的现象，奶油霜的油脂含量比较高，不容易出现染色的现象。奶油霜抹坯可以增加蛋糕的承重力，一般用于加高蛋糕坯的抹面，或者承重力要求较高的蛋糕，如韩式裱花蛋糕的抹面。

芝士酱制作

✢ ✢ ✢

一、芝士酱制作方法

（材料）

芝士.............. 60克　　　牛奶.............. 10克

细砂糖.......... 15克　　　淡奶油.......... 18克

吉利丁.............. 5克

1　把吉利丁用冰水充分泡软。

2　芝士要提前室温软化，加入细砂糖，隔水加热芝士，搅拌至顺滑的状态。

3　分次加入牛奶。

4　加入泡好的吉利丁，再次隔水加热，把吉利丁融化。

5　加入淡奶油，搅拌均匀。做好的吉利丁放置时间长，温度降低后会呈固体状态，可以再次加热融化成液体状态。

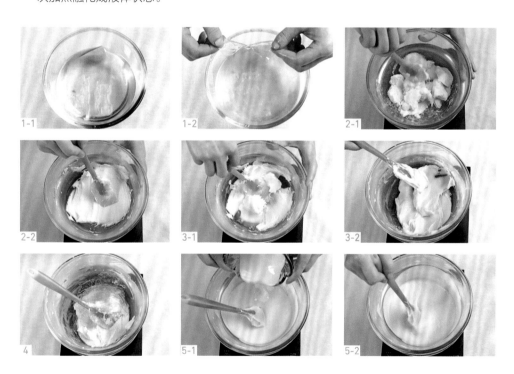

1. 芝士酱有颗粒，不顺滑

 ✤ 隔水加热芝士，水温超过 60℃，芝士加热过程中容易产生颗粒。
✤ 牛奶需要分次加入芝士中，每次加都要先搅拌均匀，再加下一次。

 把做好的芝士酱过筛后再使用。

2. 做好的芝士酱很稀，凝固性差

 ✤ 泡吉利丁的水温度过高，吉利丁在浸泡的过程中溶于水中，导致吉利丁的用量不足。
✤ 放吉利丁时，没有控干水分，导致材料里的湿性材料过多。

 ✤ 在煮好的芝士酱中再加入一些融化的吉利丁液。

3. 做好的芝士酱变干变稠，不顺滑

 ✤ 做好的芝士酱没有盖保鲜膜。
✤ 做好的芝士酱反复加热，或者加热时的温度过高。

 ✤ 在芝士酱中加入少量的淡奶油搅拌均匀，再次加热融化，如果有融化不了颗粒，须再次过筛后再使用。

二、芝士酱调色方法

1 适量调好的芝士酱倒入调色碗，加入白色的色素，避免调色出现太大的色差。加入少许食用色素。

2 搅拌均匀备用。

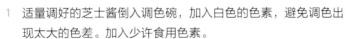
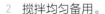

加入色素后，色素不能完全和芝士酱融合到一起，有颗粒感

 ✤ 使用了水性色素,芝士酱里面放了油性材料,尽量选用水油两用或者油性色素。

 ✤ 将调色失败的芝士酱放入冰箱，等芝士酱凝固后，用软刮片搅拌，把色素搅拌均匀后，再次加热使用。

三、芝士酱用途及使用技巧

1. 用于图案的临摹绘画

芝士酱在35℃以上都是流动的浓稠液体状态，温度在30℃左右的时候是固体的状态，利用这种特性临摹图片，没有绘画基础也可以做出精美的手绘蛋糕。

图片绘制小技巧

1　图案绘制过程中，描线条的芝士酱要稍微稠一点，挤几条并排的线条，线条不会马上融合到一起，线条不扩散变宽。

2　图案绘制过程中，填充色块的芝士酱要稍微稀一点，挤几条并排的线条，线条可以马上融合到一起，但是挤出来的芝士有一定的凝聚性，不流淌变形。

3　芝士酱的浓稠度和芝士酱的温度有关，温度越低，芝士酱越稠。芝士酱太稀，绘制图案容易出现太薄不好脱模的情况，太稠容易出现图案表面不光滑的现象。

小贴士

1. 画好的图片轮廓线条不清晰

原因
+ 轮廓线条太细。
+ 填充的芝士酱太稀，填充时挤芝士酱的力度太大。

解决方法
+ 再填充一次轮廓线条，增加立体感。

2. 画好的图案脱模时容易出现破损

原因
+ 轮廓线条太细或画轮廓线条的芝士酱太稀。
+ 中间填充的色块和轮廓线条之间有缝隙。
+ 绘制好的图案整体太薄。

解决方法
+ 在画图前玻璃纸上抹少许的植物油。
+ 画好的图案需要放入冰箱冷冻，定形后再脱模。

3. 画好的图案出现串色

解决方法
+ 在调棕色和黑色时选用可可粉调色，可以避免串色的情况。

---

2. 用于蛋糕的淋面装饰

用于蛋糕淋面的芝士酱温度保持在37℃左右。太稀淋面太薄，太稠淋面不流畅。

糖霜饼干制作

✛ ✛ ✛

一、黄油饼干

材料

黄油.............. 60克　　　高筋面粉........ 20克

糖粉.............. 30克　　　低筋面粉...... 130克

鸡蛋.............. 25克

操作
步骤

1　黄油与糖粉一起搅打至发白。

2　分次加入鸡蛋，搅拌均匀。

3　加入高筋面粉和低筋面粉，搅拌均匀。

4　把面团揉搓光滑。

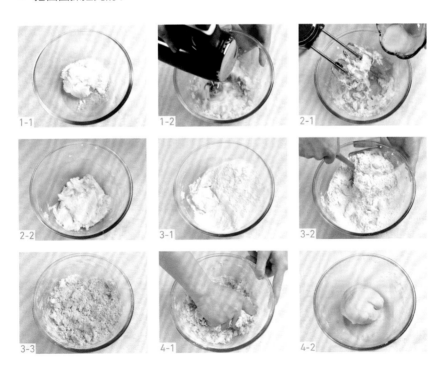

5　用擀面杖把面团擀成0.3厘米厚的片状。

6　擀好的面团，放入冰箱冷冻20分钟定形。

7　用模具压出需要的形状。

8　打印好的图片沿着距离边缘0.3厘米的位置，把图案剪下。

（饼干在烘烤的过程中会有回缩的现象，所以在剪裁图案时，在图案边缘位置留出0.3厘米左右的距离。）

9　贴在定形好的面团上，用美工刀沿着边缘切割出形状。

（冷冻定形好的面团，切割的边缘会更整齐美观。）

10　造型做好后，放入冰箱冷冻定形，再放入烤盘中。

11　在饼干上扎上小孔方便排气。

（扎上小孔可以避免饼干在烘烤的过程中鼓包，造成受热不均匀，饼干变形的情况。）

12　烤箱温度上火170℃、下火150℃烤30分钟左右，烤至金黄色即可出炉。

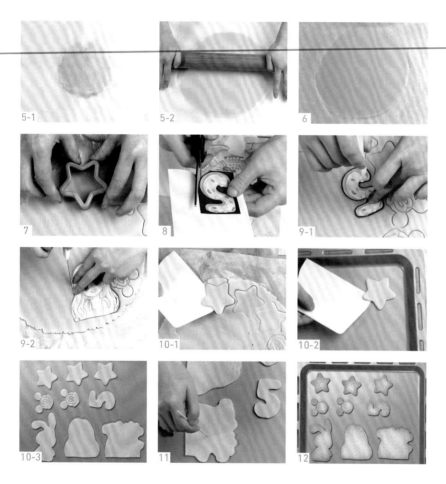

1. 做好的饼干面团表面不光滑，很难擀开

　原因 ✢ 面团打发过度，起筋。

　解决方法 ✢ 加入面粉后，搅拌均匀，面团表面光滑即可。

2. 做好的饼干很容易碎

　原因 ✢ 黄油打发过度。

　解决方法 ✢ 黄油只需要和糖粉搅拌均匀即可。

二、糖霜

 材料

 操作步骤

蛋白.............. 90克

糖粉............ 500克

1　蛋白中加入过筛2次的糖粉。
2　用慢速把蛋白和糖粉搅拌均匀。
3　开高速打发至八成，黏稠光滑的状态。
4　打好后盖上保鲜膜，防止风干。

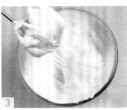

三、糖霜调色技巧

1 取少量打好的糖霜，加入少许纯净水。

（纯净水要少量多次添加，注意观察糖霜的状态。）

2 调到浓稠的流动状态。

（糖霜有堆积纹路，10秒钟左右纹路会消失。）

3 加入食用色素，搅拌均匀，装入裱花袋备用。

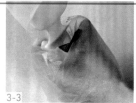

小贴士	1. 糖霜打发之后，有很多的小颗粒，不顺滑
	原因 ✢ 使用的糖粉颗粒太大。
	解决方法 ✢ 用较细腻的糖粉打发糖霜。 ✢ 打发前把蛋白和糖霜混合一起，隔水加热至 50℃。
	2. 调好的糖霜太稀或太稠
	解决方法 ✢ 太稀了可以加糖粉调节，太稠了继续加水调节。

PART

05 零基础进阶
裱花蛋糕制作

HAVE A GOOD DAY

杯子蛋糕

✛ ✛ ✛

海洋主题杯子蛋糕

 材料

烤好的杯子蛋糕（参考香草戚风杯子蛋糕的制作方法）、巧克力配件、糖珠。

特大号8齿花嘴。

 操作步骤

1　裱花袋里装入2种不同深浅的颜色的奶油，用特大号8齿花嘴在杯子蛋糕的表面挤曲奇玫瑰花边作装饰。在调奶油颜色时，注意两个颜色要有明显的区别。

2　放上巧克力做的鱼尾作装饰，搭配贝壳类的配件。可以在巧克力的表面刷上银粉或者彩光粉，增加巧克力表面的光泽度。

3　放上糖珠作点缀，海洋主题杯子蛋糕即制作完成。

| 关键点 | 1. 同样的方法可以做其他主题的杯子蛋糕，如森系田园风、中国风等。
2. 注意不同主题的蛋糕需要选择不用颜色的纸杯和装饰品，如：田园风可以选用鲜花和果干作装饰，中国风可以选用祥云、福娃、锦鲤作装饰。 |

精致风格杯子蛋糕

烤好的杯子蛋糕，调好颜色的奶油，糖珠，特大号8齿花嘴、359号花嘴、中号5齿花嘴。

操作步骤

1　用特大号8齿花嘴在杯子蛋糕上挤曲奇玫瑰花边，1个杯子蛋糕挤2到3个花边。
2　用中号5齿花嘴在玫瑰花边的缝隙处挤星星边，注意颜色的渐变效果。
3　撒上不同大小的白色和金色的糖珠，这款蛋糕就制作完成了。

关键点　调色的奶油不能用太软的奶油，想要花边纹路更清晰，可以选用奶油霜调色。

巧克力风味杯子蛋糕

材料

烤好的巧克力杯子蛋糕（参考巧克力
海绵蛋糕的制作方法），奶油，巧克力
块、巧克力酱、可可粉、坚果。

甘纳许

黑巧克力...... 100克

淡奶油 100克

操作步骤

1　制作甘纳许。巧克力隔水加热融
　　化，水加热的温度不要超过60℃，
　　避免巧克力油脂分离，倒入常温淡
　　奶油，搅拌至完全融合，冷却至常
　　温备用。

2　甘纳许的温度在30℃左右时，加入
　　打发好的奶油，搅拌均匀。

3　用带有不同花嘴的裱花袋装入奶油
　　挤不同类型的花边装饰杯子蛋糕。

4　用巧克力块、巧克力酱、可可粉和
　　坚果装饰蛋糕。也可以用水果装
　　饰，注意颜色搭配。

5　这款巧克力风味杯子蛋糕就制作完
　　成了。

关键点	煮好的甘纳许可以冷藏保存1周，可以用于制作夹心、慕斯，淋面。

水果蛋糕

✦ ✦ ✦

红丝绒裸蛋糕

材料

6寸蛋糕坯，奶油，草莓、蓝莓等水果，糖粉。

操作步骤

1　准备烤好的蛋糕坯。

2　用6寸慕斯圈，切割出4片蛋糕坯，切割出来的蛋糕坯边缘更整齐。

3　取1片蛋糕坯放在蛋糕底托上，用裱花袋装奶油，在蛋糕的边缘挤水滴边作装饰。

4　中间放上切好的水果作夹心，上面再放1层蛋糕坯。

5　以此类推，堆叠4层蛋糕，注意要叠加整齐。

6　表面摆放切半的草莓作装饰。

7　放上蓝莓，撒上糖粉作装饰，红丝绒裸蛋糕就制作完成了。

关键点	同样的方法也可以做其他口味的裸蛋糕，如抹茶味、巧克力味、原味等。

数字蛋糕

材料

蛋糕坯，草莓、蓝莓、黑莓等水果，马卡龙，薄荷叶。

操作
步骤

1 将打印好的图片剪出数字的形状，用锋利的小刀沿数字的边缘切割蛋糕坯。

2 裁剪好的蛋糕放在蛋糕底托上，表面挤圆点边作装饰，花边的高度在2厘米左右，注意花边外侧不要超出蛋糕边缘。

3 把第二层蛋糕叠加上去，同样挤圆点边，叠加时要注意和底部的蛋糕对齐。

4 放上马卡龙作装饰，马卡龙错开摆放。

5 放切块的草莓作装饰。

6 在缝隙位置放蓝莓、黑莓、薄荷叶点缀，蛋糕就制作完成了。

关键点	同样的操作手法可以做各种数字，水果注意不要选用水分过多的水果，如西瓜、新鲜菠萝等。

抹茶奶油水果装饰蛋糕

材料

水果、6寸蛋糕坯（高度8厘米左右）、即食抹茶粉、淡奶油、薄荷叶、糖粉。

操作步骤

1　用白色奶油给蛋糕抹面，用刀尖在蛋糕表面的奶油上刮出花纹。

2　抹茶粉中倒入少许淡奶油，调成抹茶酱，打发好的奶油中加入抹茶酱，搅拌均匀，制成抹茶味奶油。

3　调好的抹茶奶油均匀挤在抹好的蛋糕侧面，用软刮片刮光滑。

4　用抹刀把蛋糕移到底座上。

5　把切成小块的无花果放在蛋糕表面的边缘，注意间隔均匀，在无花果的缝隙放黑莓和草莓作装饰，放上蓝莓、坚果点缀。

6　放上薄荷叶增加色彩，撒上糖粉，这款水果装饰蛋糕就制作完成了。

巧克力淋面装饰蛋糕

材料

6寸蛋糕坯、水果、巧克力、清香木。

操作步骤

1. 用白色奶油给蛋糕坯抹面。融化的巧克力用裱花袋装好，剪一个小口。沿着蛋糕的边缘，慢慢挤出巧克力，让巧克力自然滴落，形成不规则的水滴状。

2. 在蛋糕边缘的位置放上切块的无花果，注意位置间隔均匀，在无花果之间的空隙位置，放上草莓、黑莓作装饰。

3. 放上蓝莓和清香木点缀，这款蛋糕就制作完成了。

关键点	淋面巧克力的温度在35℃左右，温度太高，淋面太稀、太薄，没有立体感；温度太低，巧克力不流动，淋面不光滑、不流畅。

巧克力樱桃水果蛋糕

材料

6寸蛋糕坯、樱桃奶油、水果、巧克力片、巧克力碎、糖粉。

操作步骤

1. 蛋糕的表面抹一层樱桃奶油，抹好面的蛋糕放在蛋糕底托上备用。
2. 把做好的巧克力片掰成不规则的小片，贴在蛋糕的表面，用麻绳把巧克力片固定好，掰的时候注意巧克力片的长度不要低于蛋糕的高度。
3. 表面撒满巧克力碎。
4. 放上水果作装饰。
5. 撒上糖粉，这款蛋糕就制作完成了。

关键点	樱桃口味奶油：打发好的奶油中倒入樱桃果泥搅拌均匀即可。

手绘类蛋糕

✣ ✣ ✣

糖霜饼干配件蛋糕

糖霜饼干公主款

材料

小公主、字牌（糖霜饼干），头发和城堡（翻糖皮），小花、叶子（翻糖模具类配件）。

6寸加高抹面蛋糕（高度13厘米左右）。

操作步骤

第一步：画图

1 烤好的饼干，画出图案的轮廓线，先画头发部分。

2 画眼睛、嘴巴部分，等糖霜干了之后，再填充脸部。

3 同时填充的两个颜色可以融合到一起。

4 糖霜饼干完全干了之后，使用可食用色素笔画出五官线条。

5 用毛笔蘸色素，画出五官细节和整体的轮廓线。

6 用毛笔少量多次的蘸取粉色色粉，画出腮红，小公主就完成了。

第二步：组装

7 蛋糕表面放城堡、糖霜饼干、翻糖皮做的头发作装饰，注意前低后高。

8 在头发上装饰小花和小叶子，翻糖配件刷水黏合。

9 这款蛋糕就制作完成了。

奶油霜手绘蛋糕

手绘兔子女孩款

材料

6寸抹面蛋糕（高度8厘米左右）、调好
颜色的奶油霜。

**操作
步骤**

1 打印好的图片，表面盖1张玻璃
   纸，用文件夹固定好。

2 先填充小女孩的脸部，留出眼睛的
   位置，用刮片把表面刮光滑。

3 填充小女孩的衣服和裙子。

4 把图案放入冰箱冷冻5分钟再用软
   刮片把奶油霜的表面修光滑。

5 挤上小女孩的头发，用毛笔画出头
   发的纹理。

6 填充兔子形状的帽子，该部位的奶
   油霜要稍厚一点，用毛笔戳出表面
   毛茸茸的效果。

7 用白色奶油霜填充眼睛部分，眼睛
   部分的奶油霜填充不能高出脸部。

8 用毛笔蘸色素，画出小女孩的五官
   和腮红。

9 给眼睛加上白色高光，放入冰箱冷冻10分钟，把冷冻好的图案用油画刀挑起放在蛋糕的表面上。

10 表面用不同颜色的奶油霜挤出不同的小图案装饰，表面的小图案根据蛋糕的主题设计。

11 蛋糕底部用打至六成发的奶油挤上圆点边装饰。

12 这款手绘兔子女孩蛋糕就制作完成了。

关键点　画人物的眼睫毛之类比较细致的线条，建议使用超细勾线毛笔，即型号为00000号的勾线笔，会更精细些。

HAVE A GOOD DAY

奶油裱花蛋糕

奶油裱花玫瑰花款

材料

6寸加高抹面蛋糕（高度9厘米），裱花棒，圆形花嘴、124号花嘴，调好颜色的奶油，糯米托，插牌。

操作
步骤

第一步：装饰蛋糕

1 用圆形花嘴在蛋糕底部挤上水滴边装饰。

2 用124号花嘴在蛋糕的中间位置挤2条围边。可先用牙签划出位置定位。

3 用3个颜色不同深浅的奶油，在2条围边之间挤出平面玫瑰作装饰。

4 用绿色的奶油挤上叶子。

5 蛋糕表面挤上弧形花边装饰。

第二步：挤玫瑰花

6 把糯米托套在裱花棒上，花嘴长的一端朝下，挤出奶油把糯米托的顶端包裹住。

7 第二片花瓣包裹住第一片花瓣接口的位置，比第一片花瓣位置高一些。

8 第三片花瓣包裹住第一片和第二片花瓣的接口位置，以此类推。

9 1朵玫瑰花做大概15片花瓣左右，第一、第二层挤3片花瓣，第三层4片花瓣，第五层5片花瓣，可以减少玫瑰花的层数自由调整玫瑰花的大小。

第三步：组装

10 做好的玫瑰花用剪刀连着糯米托一起夹起放在蛋糕的表面，蛋糕表面可以挤上奶油作底座。

11 用绿色奶油在玫瑰花之间的缝隙位置挤上叶子作装饰。

12 放上插牌，这款奶油裱花蛋糕就制作完成了。

关键点	1. 挤玫瑰花用的奶油七成发，比较光滑，有较好的支撑力。 2. 挤玫瑰花瓣时要根据不同的层数，调整花嘴的角度，层数越多花嘴的角度越大。 3. 挤花瓣时，需要一边挤奶油，一边转动裱花棒。

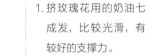

奶油裱花牡丹花款

材料

6寸加高抹面蛋糕（高度9厘米），裱花棒、裱花钉，124号花嘴、104号花嘴、112号花嘴、10齿花嘴。

操作步骤

第一步：装饰蛋糕

1　用裱花袋装奶油在蛋糕的表面挤上圆条作装饰。

2　用10齿花嘴在蛋糕表面的边缘位置挤上交叉的贝壳边装饰。

第二步：挤牡丹花

3　把糯米托放在裱花棒的底部，空心朝上。

4　用124号花嘴在糯米托的边缘位置挤1圈奶油。

5　挤扇形花瓣，一边挤奶油，一边转动裱花棒，1层的花瓣是8~9片。

6　第二层的花瓣比第一层稍小一点，也是8~9片。

第三步：组装

7 把牡丹花放在蛋糕表面的左侧，挤上花心作装饰。

8 在表面有花边的位置放上几朵5瓣花点缀。

9 用112号花嘴，挤出叶子作装饰。

10 蛋糕的底部先用软刮片的边印出一圈弧形标记，再挤弧形边，在弧形边的边缘位置挤裙边装饰，最后挤上圆点边装饰。

11 奶油牡丹花蛋糕就制作完成了。

韩式裱花蛋糕

✦ ✦ ✦

一、韩式裱花的认识

　　韩式裱花是在惠尔通裱花方法基础上，衍生和发展的一种裱花方法，近些年韩国开始有热衷于裱花的烘焙者调整了原有花嘴的厚度，使制作出来的作品更接近于真实花卉，为了迎合亚洲人的口味，裱花材料也从原来油腻厚重的奶油霜换成了轻盈清爽的豆沙霜。

　　由于豆沙霜可塑性更强，豆沙裱花创造出更多以前没有的花卉作品，目前也还在持续不断地有新的技法和花型作品，韩式裱花蛋糕的造型华丽，色彩丰富，给人赏心悦目的视觉享受。由于制作相对较烦琐，价格也较普通蛋糕更高一些，韩式裱花的消费人群以女性居多，韩式裱花一般用于大型宴会、生日会、周年庆、婚礼等重要场合。

二、豆沙霜调制方法

材料

白豆沙 200克
淡奶油 20克

操作
步骤

1　将淡奶油倒入豆沙中。
2　用软刮刀翻拌均匀。

3 用软刮刀的一面压在豆沙表面，迅速提起，可以拉起小尖角即为混合均匀。

4 加入白色素搅拌均匀作为底色。

| 关键点 | 除了淡奶油之外，还可以用黄油来制作豆沙霜，用黄油的豆沙霜口感偏厚重油腻。 |

三、豆沙霜调色技巧

1. 混合装袋法

混合装袋适合任何一种花型使用，也是在韩式裱花中运用最多的调色方法。

1 向豆沙霜中加入少量色素混合均匀。

2 在调好颜色的豆沙中加入一小团的白色豆沙，软刮刀竖向混合。

3 不需要混均匀，保留2个颜色互相夹杂在一起的效果。

4 同样的方法也可用3个颜色甚至更多，选择多个颜色混合时，要注意颜色之间的搭配，避免太突兀。

2. 竖向装袋法

竖向装袋一般用于制作平花，如圣诞玫瑰、蜡梅。也有包花使用这种装袋方法，如毛茛花、芍药花苞等。

1 豆沙霜里加入少量的色素混合均匀，一般用软刮刀竖向调色。

2 调出2个不同深浅的颜色。

3 把量少的颜色先装袋，用刮片压到裱花袋的一边。

4 再装入量较多的颜色，铺平。

3. 横向装袋法

横向装袋一般用于大的包花，如玫瑰花、牡丹花等，可以做出花心颜色较深，外面花瓣较浅的渐变效果。

1 调好2个不同深浅的颜色。

2 先把深色装入裱花袋，用刮片刮干净裱花袋。

3 再装入浅色的豆沙。

四、常见花型与配件制作

玫瑰花

材料

104号花嘴，豆沙调色方法使用横向装袋法。

1　挤1个宽1.5厘米，高2厘米左右的圆锥形作为底座。

2　花嘴长的一端超下，短的一端朝上，花嘴和底座呈60°角，在底座1/3的位置开始挤，裱花钉往左边转，花瓣包住底座2/3的位置即可收力。挤花瓣时要边挤豆沙边转裱花钉，花嘴一边挤豆沙一边走n字形，花瓣呈圆弧形。

3　第二片花瓣以同样的角度在第一片花瓣空隙的位置挤1片，2片花瓣包紧不要有缝隙。

4　在2片花瓣之间的位置挤第三片花瓣，3片花瓣高度一致，作为花心。

5　第二层的花瓣，在第三片和第二片花瓣之间的位置挤第四片，花嘴角度不变，以此类推做3片。

6　做3层花瓣，1层比1层展开。

7　挤3片独立的大花瓣收尾，花嘴长的一端紧紧贴着底座，挤豆沙霜时，裱花钉往右边转动。

8　1朵玫瑰花就制作完成了。

关键点	挤玫瑰花瓣时，花嘴长的一端一直贴着底座，花嘴短的一端随着花瓣变化调整角度。

奥斯丁玫瑰

材料

124号花嘴，豆沙调色用横向装袋法。

操作
步骤

1 用裱花袋装豆沙，在裱花钉上挤1个大圆柱，高2厘米，宽3厘米左右。

2 用124号花嘴装豆沙挤花，花嘴长的一端朝下，花嘴垂直于底座的中心点，贴着底座，一边挤豆沙，花嘴一边往底座边缘走，做1个长条形的花瓣。

3 同样的方法做出5片花瓣，花嘴起始于同一个中心点。

4 在每片花瓣的右边再继续加花瓣，花嘴往左边倾斜，一边挤花瓣，裱花钉一边往右边转动。

5 每片花瓣的右边加7~8片花瓣。

6 花嘴倾斜于底座45°，花嘴长的一端紧贴着底座，挤花瓣时同时转动裱花钉，挤出1.5厘米左右的花瓣，花瓣微微打开。

7 每朵花打开的花瓣挤3~4瓣。

8 奥斯丁玫瑰就完成了。

关键点	挤中间的花心，力度不能太大，花心是中间位置。

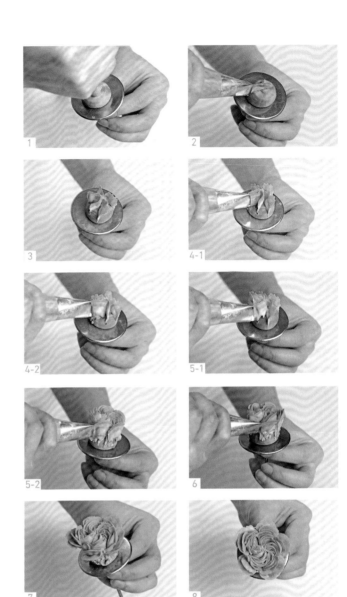

毛茛花

材料

124号花嘴，豆沙调色方法用竖向装袋法，颜色浅的在裱花嘴短的一端。

操作步骤

1　在裱花钉挤1个宽2厘米，高3厘米左右的圆锥形。

2　花嘴长的一端超下，短的一端朝上，花嘴和底座呈60°角，在底座1/3的位置开始挤，裱花钉往右边转，花瓣包住底座2/3的位置即可收力，挤每片花瓣，都要边挤豆沙边转裱花钉，花嘴一边挤豆沙一边画n字形，花瓣呈圆弧形。

3　第二片花瓣以同样的角度挤在第一片花瓣空隙的位置，2片花瓣包紧不要有缝隙。

4　在2片花瓣之间的位置挤第三片花瓣，3片花瓣高度一致，做成花心。

5　第二层的花瓣，在第三片和第一片花瓣之间的位置挤第四片，花嘴角度不变，以此类推做3片。

6　第三层做5片，1层比1层高，外层的花瓣不可以完全遮挡住挤好的花瓣边缘，做6~7层，做成花苞。

7 补齐花朵的底座与花苞连接的凹陷处，增加支撑力。

8 花嘴和裱花钉之间的角度保持在80°左右，挤3组明显高于花苞的花瓣，每组3~4片，错开重叠，一片比一片高。

9 花嘴角度打开呈90°，在每组再挤3片花瓣，形成半开放的花瓣。

10 再把花嘴打开呈120°，在每组的位置挤4~5片花瓣，1片比1片开，外层的花瓣比里层的稍大一些，花瓣与花瓣之间要留有缝隙。

11 花瓣的外层是很明显的3组花瓣，花卉整体呈圆形，毛茛花就制作完成了。

6-2

7

8-1

8-2

9-1

9-2

10-1

10-2

11

关键点 | 毛茛花花心的花瓣比较密集，外围的花瓣慢慢打开，注意越靠外的花瓣，花嘴的角度越大。

牡丹花

材料

123号花嘴，花瓣豆沙调色方法使用混色装袋法，绿色和黄色奶油。

1 挤1个直径2.5厘米，高3厘米左右的圆柱形豆沙霜底座。

2 裱花袋装入绿色奶油，剪1个0.3厘米左右的小口，挤出花心。

3 用裱花袋装入黄色奶油剪1个更小的口挤出小细丝作为花蕊，整体的花蕊直径3厘米左右。

4 花蕊的根部包一圈奶油，作为支撑。

5 花嘴长的一端朝下，短的朝上，花嘴口朝右边，花嘴和底座的角度保持60°，花嘴短的一端往中心点倾斜。

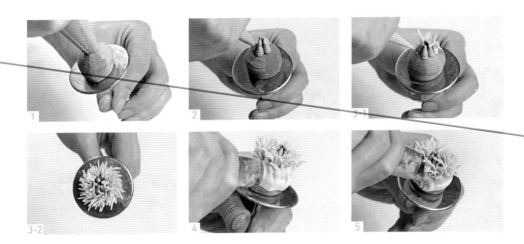

6 在花蕊1/3的位置挤第一层的花瓣。

7 花嘴挤出豆沙后往下压，挤出一个有弧度的小花瓣，花瓣的宽度大概0.8厘米左右。

8 挤5组花瓣，每组花瓣挤4~5片，花瓣有大有小，不需要很整齐。

9 再次补充底座豆沙。

10 挤开放的花瓣，花嘴和底座之间的角度在120°左右，花嘴长的一端一直贴紧底座。

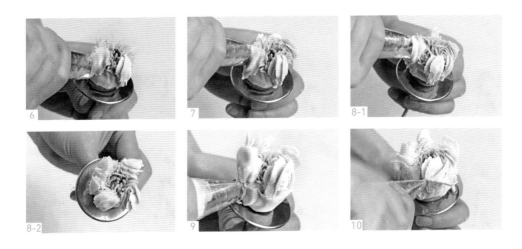

11 如果2组花瓣之间的缝隙太大，可以加小的花瓣进行补充。

12 挤最外层的花瓣，花嘴和底座的角度大概是180°。

13 外层也可以加些小花瓣，让花卉看起来更自然。

14 牡丹花就做好了。

关键点	所有花瓣都须用花嘴长的一端紧紧贴着底座，避免花瓣掉落。

芍药花苞

 材料

123号花嘴，豆沙调色用竖向装袋法，颜色深的豆沙放在花嘴短的一头。

操作步骤

1 在裱花钉上挤1个高3.5厘米，直径2.5厘米左右的圆形底座。

2 花嘴长的一端朝下，紧贴着底座。

3 花嘴边挤豆沙边往左下角移动，同时裱花钉往右边边转动，花瓣的大小控制在0.8厘米左右，花瓣边缘呈圆弧形。

4 挤4组花瓣，每组2片花瓣。

5 在每组花瓣间靠下的位置，再挤4组花瓣，每组2~3片。

6 在第一层花瓣靠下的位置，再添加花瓣，花瓣有大有小。

7 不需要开放的花瓣，全部花瓣都是圆弧形。

8 花瓣的边缘不要被遮挡，整个花形呈圆球形，芍药花苞就制作完成了。

关键点	挤芍药花苞时，花嘴角度不需要太大，芍药的花型，整体呈球形。

圣诞玫瑰

材料

124号花嘴，花瓣豆沙调色方法用竖向装袋法，颜色浅的放在花嘴短的一端。灰蓝色色素，灰蓝和白色豆沙。

1　挤1个直径3厘米左右的扁平底座。

2　花嘴长的一端放在底座中心点，花
　　嘴口朝下，花嘴和裱花钉的角度呈
　　120°，花嘴向右倾斜。

3　花嘴挤出豆沙往外推，挤豆沙的力
　　气收小，同时转动裱花钉，挤到想
　　要的长度后，花嘴垂直于裱花钉，
　　稍用力往下压，这个时候不要用力
　　挤豆沙。

4　花嘴保持在原米的位置，角度往左
　　边倾斜，轻轻挤出豆沙，做出褶皱
　　纹，同时转动裱花钉，花嘴往右倾
　　斜，边挤边往中心点收力，1片花
　　瓣就完成了。

5　以同样的方法做出7片花瓣，全部
　　花心都在同一个中心点。

6　以同样的方法挤3~4层的花瓣，花
　　瓣可以稍微错开，不需要完全重
　　叠，这里要注意，花心是向下凹陷
　　的状态。

7　用毛笔蘸灰蓝色的色素，在花心的
　　中心点上色。

8　用灰蓝和白色的豆沙在花心挤大小
　　不同的圆点作花蕊装饰。

9　圣诞玫瑰就做好了。

关键点	圣诞玫瑰的3层需要层次分明，不可以有粘连，花心是向下凹陷的状态。

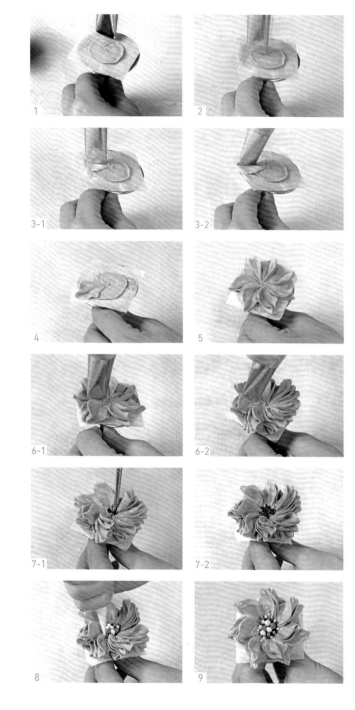

轮峰菊

材料

104号、1号、59S号花嘴，花瓣豆沙用混合装袋法调色，绿色和白色豆沙。

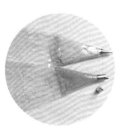

操作步骤

1 裱花钉上垫油纸，用裱花袋装绿色的豆沙，剪1个1厘米左右的口子，挤1个直径2.5厘米，高0.5厘米左右的圆形底座。

2 花嘴长的一端放在中心点，花嘴短的一端和裱花钉之间保持30°，花嘴口朝下，垂直于裱花钉。

3 花嘴挤出豆沙往外围推，再与开头的地方重叠，花瓣会形成折纹，1片花瓣大概要2~3个折纹。

4 同样的手法做5组花瓣，每一组3~4片，花瓣要有大有小，有长有短，花瓣与花瓣之间不可以完全重叠，做完的效果是外圈比较高，中心点比较低，形成凹陷。

5 在凹陷位置用绿色的豆沙挤1个球形底座。

6　用1号花嘴在球形底座上挤满绿色小圆点。

7　以同样的方法用白色的豆沙挤小圆点装饰。

8　用59S号花嘴挤出细碎零散的花瓣，增加花卉的立体感。

9　轮峰菊就制作完成了。

| 关键点 | 轮峰菊的花瓣不需要挤得太规整，花卉会更自然。 |

蜡梅

材料

103号花嘴，花瓣豆沙用竖向装带法调色，颜色浅的放在花嘴长的一端。绿色和黄色豆沙。

操作步骤

1　裱花钉上垫油纸，用裱花袋装入绿色的豆沙挤3~4层的空心圆圈（直径1.5厘米）作底座。

2　花嘴长的一端在中心点，花嘴放在12点方向，花嘴的角度为35°。

3　右手轻轻挤豆沙，同时往右转裱花钉，花瓣边缘向上卷起。

4 在第一片的花瓣下方重叠1/4的位置挤第二片花瓣，用同样的方法挤出5片花瓣。

5 用裱花袋装入黄色的豆沙，剪小口，挤出花心。

6 蜡梅就做好了。

关键点	蜡梅一般用于蛋糕的点缀，所以花瓣不建议做得太大。

4-1

4-2

5

6

小雏菊

材料

101号花嘴，白色、黄色、绿色豆沙。

操作步骤

1 裱花钉上垫油纸，花嘴长的一端在中心点，花嘴短的一端和裱花钉的角度为35°，轻轻挤出豆沙往中心点拉扯，同时力气收小，不要转裱花钉。

2 紧挨着第一片花瓣挤第二片花瓣，一共做12片花瓣。

3 同样的方法做第二层，重叠在第一层上面，花瓣与花瓣之间要留有缝隙。

4 裱花袋装入黄色的豆沙在花心挤1个圆形的底座，上面挤黄色的小圆点。

1

2-1

2-2

3

4

5 在黄色花蕊的外围再挤一圈绿色的圆点作花心。

6 小雏菊就挤好了。

关键点	小雏菊一般作为点缀花使用，不要做得太大。

风信子

 材料

59S号花嘴，花瓣豆沙用竖向装袋法调色。黄橙色豆沙。

 操作步骤

1 用59S号花嘴装豆沙，在裱花钉的正中间挤1个小球形底座，直径0.8厘米左右。

2 花嘴口朝下，花嘴口紧贴着裱花钉和底座。

3 一边挤豆沙，裱花嘴一边向上提起，同时用力越来越小，挤出尖角。

4 以同样的方法做4片花瓣。

5 裱花袋装入黄橙色的豆沙，剪1个小口用挤花瓣的方法做出长条形的花心。

6 1朵风信子就做好了。

关键点	1. 挤风信子的豆沙不能太硬，否则挤不出小尖角的花瓣。 2. 风信子一般用于蛋糕的点缀。

叶子

材料

104号花嘴，豆沙用混合装袋法
调色。

操作步骤

1 裱花钉上垫油纸，花嘴短的一端朝左边，长的一端朝中心点，花嘴倾斜，边挤豆沙边上下抖动，同时转动裱花钉。

2 挤到想要的长度，花嘴口朝下，花嘴垂直，轻轻往下压，同时收掉力气不要挤豆沙。

3 花嘴往左边倾斜，花嘴轻轻挤出豆沙，花嘴往中心点收，形成尖角后，花嘴迅速往右边倾斜挤豆沙，同时转动裱花钉，花嘴走到中心点后不再用力。

4 1个尖角叶子就做好了。

5 花嘴短的一端朝左边，挤出豆沙往外围推，在与开头的地方重叠，形成折纹同时转动裱花钉。

6 挤到需要的长度后，往前挤1个长的折纹，花嘴短的一端朝右边用同样的方法挤出折纹，挤豆沙的同时转动裱花钉。

7 1个折叠形的叶子就做好了。

1   2

3-1   3-2

4   5

6-1   6-2

7

关键点	挤好的叶子可以放入烤箱，以80℃进行烘烤，烤干的叶子可以密封保存1个月。

雪柳条

 材料

369号花嘴，豆沙用混合装袋法调色。

操作步骤

1 在烤盘里垫上油纸或者高温布，花嘴缺口朝上，紧贴在烤盘上，边挤豆沙边画S形，速度不要太快，容易断裂。

2 挤好的雪柳条放入烤箱，以上、下火80℃烘烤，烤干即可。

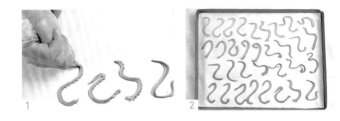

关键点	雪柳条一般作为点缀使用，烤好的雪柳条可以密封保存1个月。

装饰枝条

材料

粉丝。

操作步骤

1 在冷水里滴入绿色和少许棕色色素。

2 把干粉丝放入冷水中，完全浸泡。

3 泡上色后，捞起并沥干水分，均匀铺在烤盘上，放入烤箱，以上、下火80℃烘烤，烘干即可。

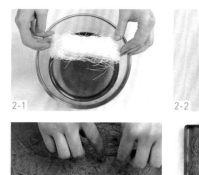

2-1

2-2

3-1

3-2

| 关键点 | 小枝条一般作为最后的点缀或糖纸花的枝干使用，也可以用意大利面制作枝条，操作方法是一样的。 |

五、韩式裱花布局方法

1. 对称式

对称式的摆放方式是把花卉分成2部分摆放，一般分为左右2个部分，在摆放时花卉时，一般2个部分的比例以5∶2或5∶3较佳，整体呈现出高低错落有致的效果。

对称式布局

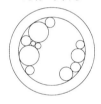

2. 环形式

环形式的摆放方式是花卉摆放在蛋糕的外围部分，在摆放花卉时，主花摆在较高的位置，颜色抢眼的花卉摆放在较低的位置，整体呈现出高低有起伏，层次分明的效果。

环形式布局

3. 集中式

集中式的摆放方式是把所有花卉都集中在蛋糕的表面。摆放花卉时，主花摆在蛋糕靠前的位置，没有主花的情况下，通常会搭配不同颜色的花卉，避免蛋糕过于单调。蛋糕摆放中心点较高，外围较低，呈现出紧凑饱满的视觉效果。

集中式布局

六、韩式裱花装饰材料选择

豆沙霜制作的花卉成品的重量较大，需要根据表面装饰用花卉的数量和大小来选用合适的蛋糕坯，一般会选用戚风蛋糕和海绵蛋糕2种，装饰用花卉数量不多或者以小花为主的情况下，可以选用戚风蛋糕坯。装饰用花卉数量较多或者大花较多的情况下，有一定的重量，则选用承重能力更好的海绵蛋糕，避免蛋糕变形。蛋糕抹面选用奶油霜或者豆沙奶油（豆沙和奶油以1∶1的比例打发），可以增加蛋糕的承重力。

韩式裱花杯子蛋糕

材料

烤好的杯子蛋糕6个，制作方法参考原味海绵蛋糕，温度上火165℃、下火155℃，烘烤32分钟。

花卉、叶子、雪柳条（豆沙霜），豆沙奶油。

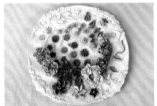

操作步骤

1 用调色好的奶油，把蛋糕的表面全部覆盖住，注意不要超出杯子蛋糕的边缘。

2 放杯子蛋糕的主花。

3 放小花和叶子、雪柳条等小配件，挤上小装饰。

4 韩式裱花杯子蛋糕就制作完成了。

关键点 | 挤花的时候尽量不要挤太大，杯子蛋糕承重有限。

韩式裱花礼盒蛋糕

材料

6寸抹面蛋糕（高度9厘米）。花卉、叶子（豆沙霜），小枝条，糖纸花，丝带、字牌（翻糖皮），豆沙奶油。

操作步骤

1. 把用翻糖皮做好的丝带贴在蛋糕的底部装饰，字牌贴在蛋糕的侧面。
2. 在蛋糕表面的左边挤上豆沙奶油作为底座，把挤好的豆沙花卉依次摆放。
3. 摆蛋糕中间的花朵，越靠近蛋糕的中心，底座越高，形成饱满的视觉效果，靠边的位置底座比较低。
4. 位置太低的地方，挤豆沙奶油作支撑。
5. 放上小花点缀。
6. 在花朵的缝隙位置放小花，遮挡大的缝隙，整体看起来更美观。
7. 放上叶子、糖纸花、小枝条装饰，增加整体的灵动感。
8. 韩式裱花礼盒蛋糕就制作完成了。

关键点	1. 豆沙奶油是用奶油和豆沙以1:1的比例打发使用的，豆沙奶油还可以用于蛋糕抹坯，支撑力和稳定性比普通奶油更好。 2. 做韩式裱花的蛋糕坯多选用承重力更好的海绵蛋糕。 3. 摆放花朵时，注意花心要有不同的朝向，蛋糕整体看起来更有生机。

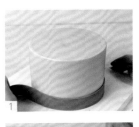

韩式裱花方形高坯蛋糕

材料

方形抹面蛋糕（高度13厘米左右）。
花卉、叶子、雪柳条（豆沙霜），奶
油，豆沙奶油。

操作
步骤

1 用油画刀刮少许奶油，在蛋糕表面
  压出花瓣纹路。

2 在蛋糕左侧用豆沙奶油打1个底
  座，先摆放最靠边的花，注意花卉
  摆放需要中间高、四周低，形成花
  束的形状。

3 放左下角的花卉，左下角的花卉摆
  放位置较低，不要遮挡住后面的
  花卉。

4 蛋糕的右侧摆放中型花作装饰，注
  意高低错落有致，整体比左侧的花
  束要稍低一些，形成左右两边的层
  次感。

5 在蛋糕底部也放上花卉装饰。

6 放上叶子，起点缀效果，雪柳条作
  装饰，增加整体的立体感。

7 这款方形高坯蛋糕就制作完成了。

韩式裱花环形蛋糕

材料

6寸抹面蛋糕。

花卉、叶子、雪柳条（豆沙霜），仿真
水果，枝条，豆沙奶油。

**操作
步骤**

1 用紫色加棕色调出豆沙粉色的豆沙
　奶油，用抹刀抹在蛋糕表面作底色。
2 先放第一层的花卉定好位置。
3 用奶油挤上底座，放第二层的花
　卉，注意要有高低起伏。
4 在大花之间比较大的缝隙放上中型
　花，注意不要抢大花的位置。
5 放上小花、仿真水果，作为点缀。
6 最后放上叶子、雪柳条、粉丝做的
　枝条，使蛋糕更有生机。
7 这款裱花蛋糕就组装完成了。

关键点　环形布局是较为常用的布
局手法，具有次序感、饱
满感。此种方式构图时，
平面上最好要有点状、线
状、面状、体状的图形存
在，增强重量感。

1　2-1
2-2　3-1
3-2　4
5-1　5-2
6　7

双层复古韩式裱花蛋糕

材料

6寸叠加8寸的双层抹面蛋糕（2个蛋糕的高度都是13厘米左右）。

花卉、叶子、雪柳条（豆沙霜），小枝条，豆沙奶油。

操作步骤

1 用油画刀刮取少许奶油，压在蛋糕的表面做出花瓣的形状。

2 在6寸的蛋糕上用对称形的方法摆放花卉，先摆左侧的花卉，注意花卉摆放用前低后高的方法，比较高的位置可以用豆沙奶油在花卉的下面挤出底座。

3 用同样的方法摆右侧的花瓣，注意花卉高低错落的效果。

4 在2个蛋糕之间摆放花朵，注意不要选择太大的花形，容易把蛋糕压变型，或者掉落。

5 在蛋糕的底部摆上花朵。

6 放上叶子、小枝条和雪柳条装饰，增加整体的灵动感。

7 这款双层复古韩式裱花蛋糕就做好了。

> **关键点** ｜ 双层蛋糕需要有一定的支撑力，一般选用海绵蛋糕作为底坯。

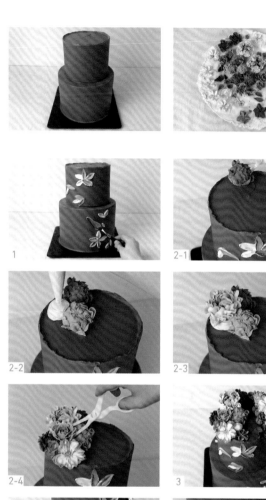

复古刺绣蛋糕

材料

104号、124号、小号8齿花嘴，调好
颜色的奶油，小玫瑰花（奶油）。
6寸加高抹面蛋糕（高度10厘米左右）。

操作步骤

1 用软刮片在蛋糕底部标出一致的弧
形印记。

2 用124号花嘴，花嘴长的一端对
着蛋糕坯，根据印记位置挤出2层
裙边。

3 用小号8齿花嘴挤出2个曲奇玫瑰和
1个弧形边为1组的组合花边。

4 蛋糕表面挤2层大裙边作装饰，挤
裙边时花嘴长的一端对着蛋糕坯。

5 裙边的边缘再挤1层1个弧形边、1
个曲奇玫瑰和3个贝壳边为1组的组
合花边。

6 用裱花袋装奶油剪1个小口画出花
朵的轮廓。

7 以掉线的方法向花心画直线，对花
朵进行填充。

8　挤出叶子点缀，用黄色奶油挤出花朵花心。

9　蛋糕的侧面以挤水滴边的手法挤上小花装饰。

10　蛋糕侧面的裙边相接处用提前做好的小玫瑰花装饰。

11　这款复古刺绣蛋糕就制作完成了。

8-1

8-2

9

10

11

| 关键点 | 做刺绣花的奶油不能太稀，太稀的奶油画出来的线条不清晰。 |

双层复古花边蛋糕

镜框配件（翻糖模具类配件），中号8齿花嘴、小号8齿花嘴，124号、104号、2号花嘴，叶子花嘴，调好颜色的奶油。8寸、6寸加高抹面蛋糕各1个（高度18厘米）。

操作步骤

1 把6寸蛋糕放在8寸蛋糕的正中间，6寸蛋糕可以在冷冻后操作。

2 用104号花嘴，花嘴长的一头对着蛋糕，在蛋糕的底部挤3层小弧形边。

3 用软刮片在8寸蛋糕的上端做出印记，用124号花嘴根据印记挤出大弧形边。

4 用裱花袋剪一个小口在大弧形边的边缘位置挤出紫色水滴边。

5 用2号花嘴在底部小弧形边的位置挤出2层的吊边装饰。

6 在每个接口位置挤出逐渐变小的圆点装饰。

7 用小号8齿做出贝壳边、曲奇玫瑰、弧形边的复古组合花边。

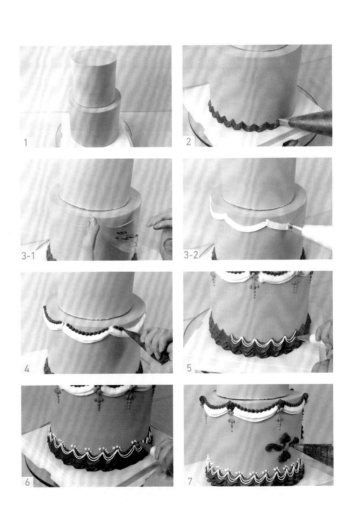

8 用软刮片在6寸蛋糕侧面两边做出垂直印记，用叶子花嘴根据印记，轻轻挤出褶皱边。

9 放上翻糖皮做的镜框，在里面挤上不同颜色的水滴边组成的小花装饰。

10 用中号8齿花嘴在6寸蛋糕的底部挤上贝壳边装饰。

11 用叶子花嘴在6寸蛋糕的顶部挤出褶皱边装饰，在褶皱边的中间线上挤水滴边装饰。

12 8寸蛋糕的边缘挤上褶皱边和弧形边的组合花边装饰。

13 这款双层复古花边蛋糕就制作完成了。

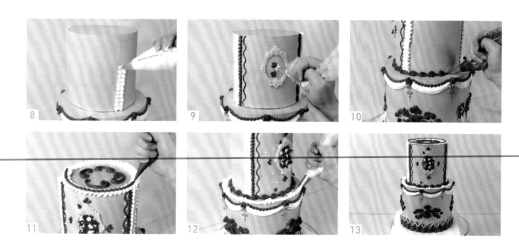

关键点 | 如果花边颜色太深，会出现晕色的情况，可以用奶油霜替换奶油调色。

3D 立体蛋糕

✦ ✦ ✦

海星立体卡通蛋糕

材料

8寸、6寸、4寸蛋糕坯各1个，奶油、水果。

2片巧克力片，围边、生日帽（翻糖皮），吸管。

操作步骤

1. 把吸管和蛋糕盒固定在一起，给蛋糕打桩固定，打桩的方法参考高坯蛋糕打桩。

2. 蛋糕坯切成片状，蛋糕盒底部抹上奶油，固定好蛋糕坯，蛋糕中间放奶油和水果制作夹心。

3. 1层蛋糕坯、1层夹心进行8寸和6寸蛋糕坯的组合，组合好的蛋糕高度在16.5厘米左右。

4. 用剪刀进行修剪，修剪成一个圆锥形。

5. 用裱花袋装奶油，把蛋糕的表面全部用奶油覆盖，用软刮片把奶油表面刮光滑。

6 在蛋糕顶部2/3的位置挤满粉色奶油，用软刮片刮光滑。

7 底部的1/3的位置挤绿色奶油后用软刮片刮光滑。

8 在蛋糕的底部加奶油作为海星的脚。

9 把2片巧克力放在蛋糕的两边1/2的位置，注意左右对称，挤上奶油，用软刮片刮光滑，作为海星的手。

10 给海星的裤子加1条翻糖围边，戴上生日帽，挤上奶油花边装饰。

11 贴上海星的眼睛，用奶油挤出嘴和腮红。

12 4寸的蛋糕坯做成迷你蛋糕，双色断层抹坯，上面挤一点绿色奶油作为海草。

13 海星立体蛋糕就做好了。

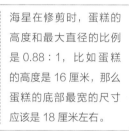

| 关键点 | 海星在修剪时，蛋糕的高度和最大直径的比例是 0.88 : 1，比如蛋糕的高度是 16 厘米，那么蛋糕的底部最宽的尺寸应该是 18 厘米左右。 |

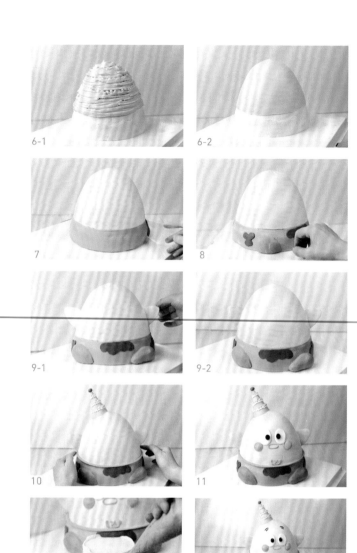

粉红熊立体卡通蛋糕

材料

2个6寸蛋糕坯。

巧克力片（2个半圆形、1个6寸圆形），吸管，厨师帽、眼睛和鼻子、迷你小面包（翻糖皮），奶油。

操作步骤

1　在盒子的正中间固定好吸管，蛋糕坯穿过吸管放在蛋糕盒的正中间做夹心组合。

2　组合好的蛋糕坯高度15厘米左右，用剪刀进行修剪，修剪成底部大、上面尖的形状。

3　6寸的巧克力片穿过吸管，用融化的巧克力挤在巧克力片和吸管之间进行黏合。

4　用同样的方法在巧克力片上加蛋糕坯进行组合，蛋糕坯的高度15厘米左右，用剪刀修剪成圆形即可。

5　用裱花袋装奶油，挤在蛋糕上，注意不要露出蛋糕坯，用软刮片刮光滑，上面的蛋糕也是用同样的操作方法，把蛋糕坯刮光滑。

| 关键点 | 如果卡通形象的头部过重，也可以用打桩垫片代替巧克力片。 |

155

6 在下面蛋糕上增加蛋糕坯，作为粉红熊的手和脚。

7 调一个粉紫色的奶油，给蛋糕坯挤满奶油，用小刮片将奶油刮光滑。

8 用小勺子轻轻拍打奶油，做出表面毛茸茸的效果。

9 头部也挤上奶油，用软刮片刮光滑，插上半圆形的巧克力片作为粉红熊的耳朵。

10 在巧克力片上挤满奶油，用软刮片刮光滑，在巧克力片的边缘位置挤奶油，做出耳朵的造型，同样用勺子轻轻拍打表面奶油，做出毛茸茸的效果。

11 放上眼睛、鼻子、帽子配件，给粉红熊贴上围裙配件。

12 放上迷你小面包，蛋糕就制作完成了。

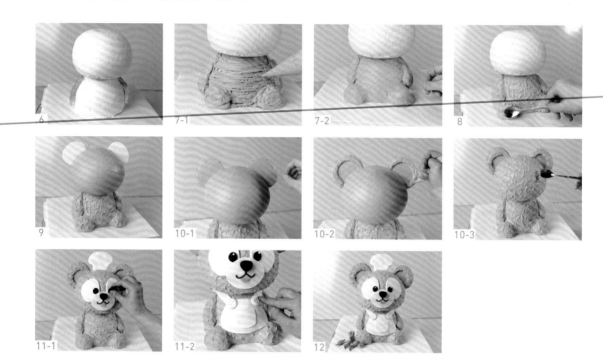

职业主题蛋糕

✣ ✣ ✣

护士节蛋糕

材料

衣襟（长15厘米，宽2厘米）、衣领（长19厘米，宽5厘米）、口袋（长6厘米，宽5厘米）、纽扣、创可贴、口罩、药丸、装饰品（翻糖皮）。

6寸加高抹面蛋糕坯（高度13厘米）。

操作步骤

1. 先放正中间的衣襟装饰。
2. 把衣领放在表面正中间。
3. 贴上纽扣，可以刷纯净水黏合。
4. 放上口罩、口袋、药丸、创可贴装饰。
5. 放上标志性的小装饰品，蛋糕就制作完成了。

医生职业装蛋糕

材料

衣领、领带、听诊器、衣襟、字牌（翻糖皮）。

8寸抹面蛋糕（高度8厘米左右）。

操作步骤

1　先放衣领和领带，衣领放在距离蛋糕边缘0.5厘米左右的位置，领带要放在蛋糕的中心线上。

2　放上2片衣襟，衣襟和衣领重叠一部分。

3　再把放上听诊器和字牌。

4　这款医生制服蛋糕就制作完成了。

母亲节蛋糕

材料

信件、信封、插牌、蝴蝶结、字母、
小花卉、康乃馨（翻糖皮），糖珠。
6寸抹面蛋糕（高度10厘米左右）。

操作
步骤

第一步：制作翻糖康乃馨

1 用花卉糖皮调出2个深浅不同的
粉色。

2 把糖皮擀成薄薄的长条。

3 切成小段，折成小扇子形，把小扇
子形组合到一起做出花心。

4 颜色浅的糖皮折成大的扇子形，黏
在花心的外围，作为开放的花瓣。

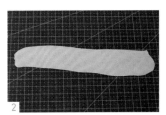

5　在蛋糕的表面放上信封、信件、康乃馨。

6　在蛋糕的侧面和表面放上小花卉配件，撒上糖珠。

7　在蛋糕的底部放上蝴蝶结。

8　插牌上黏上字母，装饰在蛋糕表面。

9　这样一款母亲节主题蛋糕就制作完成了。

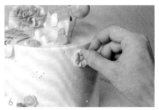

父亲节蛋糕

材料

6寸抹面弧形蛋糕（高度9厘米）。

木纹切片、字牌、围边条（翻糖配件），酒瓶摆件，色粉。

凉粉

白凉粉...........50克
水 300克
细砂糖...........20克

操作步骤

第一步：制作凉粉

1 水煮开，加入白凉粉煮5分钟后加入细砂糖，糖溶化后直接倒入容器中，冷藏定形。

第二步：组装

2 在木纹切片上刷上棕色的色粉，不用刷均匀。

3 把木纹切片贴在蛋糕上，注意不要露太大的缝隙。

4 围边条的一面刷少许纯净水黏合，贴在蛋糕的上下两端。

5 定形好的凉粉切成方块，放在蛋糕上作冰块。

6 贴上字体糖牌。

7 放上酒瓶装饰。

8 蛋糕就制作完成了。

关键点	制作凉粉，切忌冷冻定形，冷冻会使凉粉产生冰渣，不透明。

情人节蛋糕

材料

小熊配件（翻糖）、心形配件（翻糖模具类配件）、
玻璃瓶和数字（手绘糖牌）、糖珠、气球配件。
6寸加高抹面蛋糕（高度10厘米左右）。

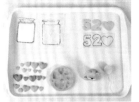
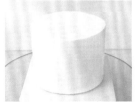

操作步骤

第一步：制作小熊配件

1. 准备调好颜色的糖皮：头40克，身体15克，单个胳膊2克，单个腿5克，鼻子2克，单个耳朵1克。
2. 把40克的糖皮搓光滑至水滴形，把15克的糖皮搓成椭圆形。
3. 把2个搓好的糖皮组合在一起，中间可以用竹签或涂抹清水进行黏合固定。
4. 把2个2克的糖皮搓成水滴形，2个5克的糖皮搓成0.3厘米厚的圆形，分别刷上水进行黏合。
5. 黏上耳朵，注意左右对称，2克的糖皮擀薄，切成椭圆形，贴在脸的下半部分。
6. 用黑色的糖皮做出鼻子和眼睛，放上模具做的蝴蝶结，用工具压出小熊中线的浅条纹，小熊就做好了。

第二步：组装

7. 把玻璃瓶糖牌贴在蛋糕侧面的正中间，在瓶子的上面刷纯净水贴上心形配件，颜色由深到浅。
8. 放上数字糖牌和小熊作装饰，把气球配件放在小熊手上。最后放上糖珠点缀，蛋糕就制作完成了。

> **关键点** 小熊配件有一定的重量，在装饰时可以在底部插上糖棒作支撑。

圣诞节蛋糕

材料

雪花（巧克力），圣诞树
（翻糖），蓝色圣诞树、蓝
色棒棒糖（蛋白糖），雪
花棒棒糖（艾素糖），圣
诞主题摆件，糖珠，防潮
糖粉。

6寸加高抹面蛋糕（高度
13厘米）。

关键点	1. 圣诞老人的插件比较重，用热熔胶黏合在打桩钉上，再装饰在蛋糕上，避免蛋糕变形。 2. 前低后高的装饰手法又称集中摆放法，可以在插件数量有限的情况下做出饱满的效果。

操作步骤

1　蓝色的圣诞树，插在蛋糕正中间。

2　按前低后高的装饰手法，放上剩下的蛋白糖配件。

3　在装饰好的配件之间的缝隙处插入艾素糖配件、白色圣诞树作装饰。

4　在上表面右下角的位置放上圣诞老人的摆件。

5　分散放上雪花配件装饰，撒少许糖珠点缀。

6　撒上防潮糖粉增加氛围感，这款圣诞节主题的蛋糕就制作完成了。

儿童节蛋糕

材料

巧克力空心球，衣服、五官等配件（翻糖皮），插牌装饰。蛋糕坯薄片、奶油，花篮嘴。

操作步骤

第一步：制作巧克力空心球

1　把融化的巧克力倒在球形模具中。

2　左右晃动，让巧克力均匀地黏在模具上。

3　反复多次重复动作，随着巧克力的温度越来越低，黏在模具上的巧克力就越厚，巧克力的厚度在0.3厘米左右时就可以放入冰箱冷冻定形了。

4　冷冻20分钟左右，用小刀把模具边缘位置的巧克力刮齐整。

5　放在盘子上，轻轻拍模具，使巧克力和模具分离，就可以脱模了。

6　在蛋糕底盘中心挤上融化的巧克力，放上用甜甜圈模具做好的巧克力配件，作为底座，在表面加上融化的巧克力，固定球形模具。

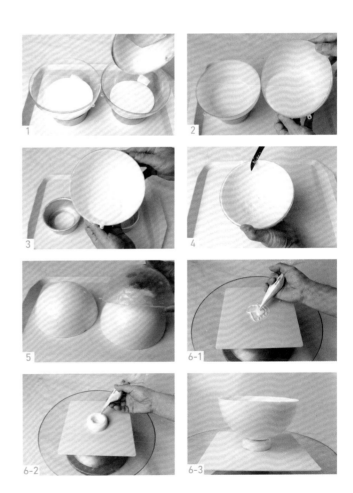

7 在球形模具中放入蛋糕坯和水果夹心，表面抹好奶油，用软刮片刮光滑，用花篮嘴以挤裙边的方式在表面边缘挤一圈花边，放水果和插牌装饰，放上另一半球形巧克力。

8 用融化的巧克力把2个半圆形黏合到一起，把表面多余的巧克力刮干净。

第二步．表面装饰

9 在做好的衣服翻糖配件上刷上清水，贴在2个半圆形接口的位置。

10 在衣服的边缘位置贴上衣领，注意左右对称。

11 放上帽子、手、脚、眼睛等小配件，画上眉毛，帽子放在蛋糕的侧面容易滑落，可以用竹签固定。

12 可爱的蛋糕就做好了。

| 关键点 | 1. 巧克力的外壳不能做得太薄，避免外壳破损。
2. 用同样的操作方法，可以做出多种卡通形象。 |

7-1

7-2

8

9

10

11

12

悬浮蛋糕

✤ ✤ ✤

冰淇淋立体蛋糕

材料

蛋糕坯薄片、巧克力、奶油。

雪糕筒、小熊插件、小熊蜡烛、彩虹配件、纽扣配件
（翻糖皮）、彩色糖珠、小彩旗、垫片、吸管。

关键点	建议选用重量较轻的配件装饰蛋糕，避免蛋糕变形。

**操作
步骤**

1　垫片光滑的一面打上
　热熔胶，黏在盒子的
　正中间，插上吸管。
　热熔胶很容易凝固，
　打热熔胶的时候速度
　要稍快一些，注意不
　要烫伤手。

2　在雪糕筒里面挤上融
　化的巧克力，以隔绝
　奶油里的水分。如果
　直接在雪糕筒里放蛋
　糕和奶油夹心，雪糕
　筒会吸水变软、变形。

3　雪糕筒底部剪一个
　口，穿过吸管固定。

4　蛋糕坯用光圈模具压
　出不同大小的蛋糕坯。

1-1

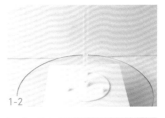

1-2

2

3

4

5 蛋糕坯按照下小上大的顺序放入雪糕筒中，1层蛋糕坯、1层奶油。

6 蛋糕坯继续叠加至超出雪糕筒一半的高度，用剪刀修出圆形。蛋糕坯要穿过吸管获得支撑，否则超出雪糕筒的部分很容易塌陷。

7 用裱花袋装奶油，挤奶油覆盖住全部蛋糕坯，用软刮片把表面奶油稍微刮平整，做出雪糕的形状。注意奶油不需要刮得很光滑，将刮片折出弧形角度，做出雪糕饱满的效果。

8 底部用奶油覆盖住垫片的位置。

9 底部撒上彩色糖珠装饰，放上小熊插件增加层次感，雪糕的表面放上彩虹配件、小熊蜡烛、小熊插件、小彩旗装饰。

10 放上小纽扣配件，撒少许糖珠装饰，蛋糕就制作完成了。

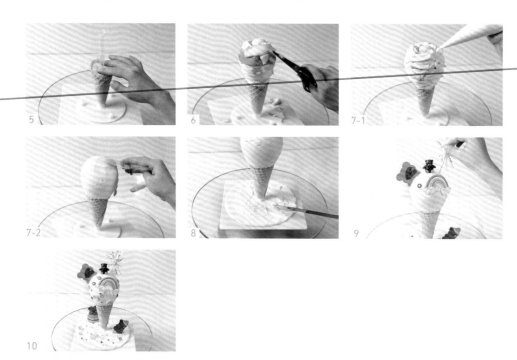

小公主悬浮蛋糕

材料

小公主摆件，气球等插件，6寸垫板，吸管，蝴蝶结、小裙边（翻糖皮）。

6寸抹面蛋糕2个（高度10厘米左右）、奶油。

操作
步骤

1 垫板上挤热熔胶，贴在蛋糕盒底座左上角的位置，不要放在底座的正中间，在相应的位置插上吸管，固定好，吸管长17厘米左右。

2 抹面蛋糕提前用吸管掏空1个位置。

3 把吸管从蛋糕孔的中间穿刺过去，可以起到固定的作用，在吸管的顶端，放上垫片，垫片的中心点放上1根吸管，以固定另一个蛋糕。另一个蛋糕正中间用吸管掏空，固定到上层垫片上。

4 给底下的蛋糕的底部挤圆点花边装饰。

5　装饰第二层的蛋糕，在做好印记的位置挤水滴边装饰，放上用翻糖皮做的蝴蝶结配件。

6　底部用糖皮做的3个不同的裙边作装饰，提前做好的裙边要放在密封袋里保存，避免配件变干定形。

7　用热熔胶把小公主摆件固定在底座上。

8　放上蝴蝶结和其他的插件，蛋糕就制作完成了。

高坯蛋糕

✦ ✦ ✦

艾素糖配件装饰蛋糕

材料

6寸加高抹面蛋糕（高17厘米左右）、
调好色的奶油。
巧克力配件、艾素糖配件、糖珠。

操作
步骤

第一步：制作艾素糖配件

1　工具和材料：硅胶垫、奶锅、电磁
　　炉、硅胶模具、高温手套、温度
　　计、长柄硅胶刀、色粉、艾素糖。

2　艾素糖倒入奶锅中，放在电磁炉上
　　用小火加热，艾素糖完全融化前不
　　需要搅拌，只需轻轻晃动奶锅，确
　　保受热均匀。

3　艾素糖加热到178℃左右就可以使
　　用了，艾素糖加热的温度不够，做
　　出来的配件容易返潮，黏手。

4　倒少许的艾素糖于高温垫上，稍放
　　凉后，戴手套把艾素糖往两边拉
　　长，形成长条，趁糖还没有完全冷
　　却，稍微造型，做成海草的形状，戴
　　手套可以避免手被烫伤，也能避免
　　在配件上留下痕迹，影响艾素糖配
　　件的光泽度。

5 在硅胶垫上，倒2块圆形糖板备用。从同一个中心点倒糖，融化的糖会自然扩散形成圆形的糖板，用同样的方法也可以做出棒棒糖的造型。

6 在硅胶模具中倒入艾素糖，制作鱼尾和贝壳的配件，艾素糖要趁热倒入模具中，做出来的配件有晶莹剔透的效果。

7 完全放凉就可以脱模了，在脱模后的鱼尾和贝壳表面刷1层色粉，也可以在煮好的艾素糖中直接加入食用色素，进行调色。

8 用火枪把糖板的一面加热融化一点，把另一块糖板立在上面，进行黏合。

9 做好的鱼尾和贝壳背面用火加热融化些，黏在糖板上作装饰。

第二步：组装

10 调好不同颜色的奶油，用抹刀刀尖轻轻刮在蛋糕的表面，奶油不用刮至光滑整齐，颜色不用混合均匀。

11 做好的艾素糖配件放在蛋糕的正中间，艾素糖的配件比较重，如果蛋糕需要运输，可以在配件的底部用吸管固定打桩。

12 侧面和底部放上巧克力配件，侧面放艾素糖做的海草装饰，放上糖珠点缀。蛋糕就制作完成了。

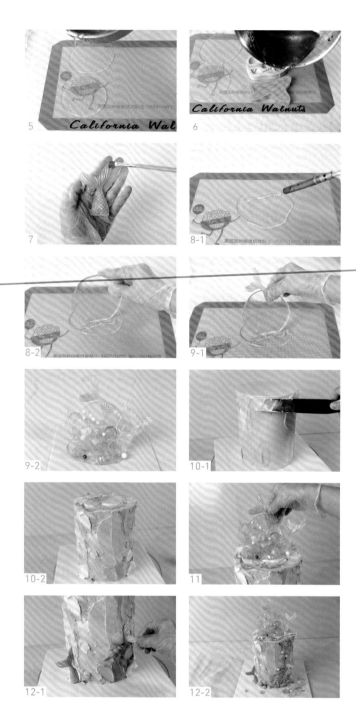

关键点

1. 艾素糖配件容易受潮，做好的配件须密封保存，切记不可放冰箱，避免表面起糖霜，失去光泽度。一般情况下，艾素糖装饰类的蛋糕都是在出单前再装饰打包，避免配件接触奶油的时间太长。

2. 艾素糖较为坚硬，且有不同大小的装饰配件，5岁以下的儿童不可食用，5岁以上儿童须在成人监护下食用。

高坯滴落蛋糕

材料

6寸加高抹面蛋糕（高17厘米左右）。

巧克力、巧克力垫片、巧克力配件、金色吸管、雪糕筒、糖珠、蛋白糖。

操作步骤

1 融化的巧克力调好颜色，巧克力的温度35℃左右时，用裱花袋装好，剪1个小口在蛋糕表面边缘位置淋巧克力，巧克力的量不断变化，自然流淌。

2 在蛋糕的表面放1片巧克力片，用融化的巧克力把配件和巧克力片进行黏合。

3 表面的巧克力配件，从高到低，从中心点到蛋糕的边缘，依次摆放，配件和配件之间需要用融化的巧克力进行黏合。在最大的球上盖上雪糕筒，也用巧克力黏合。

4 把表面的配件摆好后，再摆蛋糕底部和侧面的配件，蛋糕侧面中间的配件可以用棒棒糖的棍子支撑，不然很容易往下掉。

5 放上小糖珠和蛋白糖遮挡住有瑕疵的地方作点缀，这款蛋糕就制作完成了。

  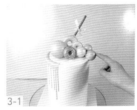 

| 关键点 | 1. 淋面用的巧克力可以用芝士酱替换。 |
| | 2. 球形巧克力配件用的是空心球，重量较轻，可以放在蛋糕的侧面进行装饰。 |

奶油霜立体卡通蛋糕

材料

调好颜色的奶油霜、裱花钉、4号圆头
毛笔、小软刮片。

6寸加高抹面蛋糕（高度10厘米左右）、
3寸抹面蛋糕。

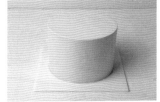

操作步骤

第一步：制作立体卡通虎宝宝

1. 裱花钉上垫1张油纸，用黄色的奶
   油霜挤1个下大上小的圆锥形，高
   度3厘米左右，作虎宝宝的身体，
   用软刮片把表面刮光滑。

2. 在做好的圆锥形上挤1个圆球形作
   虎宝宝的头部，用软刮片刮光滑。

3. 挤上白色奶油霜，修光滑作为
   肚子。

4. 用奶油霜挤出虎宝宝的手和脚。

5. 挤上虎宝宝的头发，用毛笔刷出头
   发的纹理。

6. 挤上黄色奶油霜盖住头发的边缘，
   作虎宝宝的帽子，用毛笔把表面刮
   光滑。

7. 挤上虎宝宝的脸部五官，画上花
   纹，卡通虎宝宝就制作完成了。

1-1

1-2

2

3

4

5

6

7

第二步：组装

8 3寸抹面蛋糕放在大蛋糕表面1/3的
位置。

9 蛋糕的底部挤上贝壳边、裙边、水
滴边、小樱桃图案，作装饰。

10 装饰3寸蛋糕。

11 把2只虎宝宝放在蛋糕的中间位置。

12 在蛋糕的边缘位置挤圆点边装饰。

13 这款立体卡通蛋糕就制作完成了。

| 关键点 | 卡通人物大致形状做好后，可以放入冰箱把表面冻硬，再用毛刷修光滑。 |

作者简介

黎国雄

- 熳点教育首席技术官

- 第44、45届世界技能大赛糖艺西点项目中国专家组长

- 获"全国技术能手"荣誉称号

- 广东省焙烤食品糖制品产业协会粤港澳台专家委员会执行会长

- 中国烘焙行业人才培育功勋人物

- 全国工商联烘焙业公会"行业杰出贡献奖"

- 全国焙烤职业技能竞赛裁判员

- 主持发明塑胶仿真蛋糕并获得国家发明专利

- 主持发明面包黏土仿真蛋糕

李政伟

- 熳点教育研发总监

- 熳点教育督导部导师

- 国家高级西式面点师，高级裱花师

- 第二十届全国焙烤职业技能竞赛"维益杯"全国装饰蛋糕技术比赛广东赛区一等奖

- 第二十二届全国焙烤职业技能大赛广东选拔赛大赛评委

- 2020年华南烘焙艺术表演赛"熳点杯"大赛评委

彭湘茹

- 熳点教育研发主管导师

- 海峡烘焙技术交流研究会第一届理事会首席荣誉顾问

- 顺南食品白豆沙韩式裱花顾问

- 2016年茉儿贝克世界国花齐放翻糖大赛最佳创意奖

- 2016年美国加州开心果·西梅国际烘焙达人大赛金奖

- 2017年"焙易创客"杯中国月饼精英技能大赛个人赛金奖

- 2018年"宝来杯"中国好蛋糕创意达人大赛冠军

- 2019年美国加州核桃烘焙大师创意大赛（西点组）金奖

魏文浩

· 熳点教育烘焙研发经理

· 国家高级西式面点师

· 烘焙全能课程实战专家

· 2018年，跟随台湾地区彭贤枢大师学习进修

· 2019年至今，跟随黎国雄学习裱花、西点、糖艺

· 第二十一届全国焙烤职业技能大赛广东赛区中点赛一等奖

· 第二十二届"维益杯"全国装饰蛋糕技能比赛西点赛二等奖

王美玲

· 熳点教育西点全能研发导师

· 国家高级西式面点师

· 裱花全能课程实战导师，高级韩式裱花师

· 第二十一届全国焙烤职业技能大赛广东赛区一等奖

· 第二十二届全国焙烤职业技能竞赛"维益杯"全国装饰蛋糕技术比赛广东赛区西点赛一等奖

熳点教育

专注西点烘焙培训

烘焙｜裱花｜慕斯｜饮品｜咖啡｜翻糖｜法式甜点｜私房烘焙

　　熳点教育是专注提供西点烘焙培训的教育平台，在广州、深圳、佛山、重庆、东莞、成都、南昌、杭州、西安等市开设12所校区，是知名的烘焙教育机构。

　　凭借专业的西点烘焙教育，获得广东省烘烤食品糖制品产业协会家庭烘焙委员会会长单位、广东省烘焙食品糖制品产业协会副会长单位、第二十至二十二届全国焙烤职业技能竞赛——国家级职业技能竞赛指定赛场等行业认证。

　　熳点教育始终坚持做负责任的教育，由熳点首席技术官黎国雄和中国烘焙大师彭湘茹带队研发课程，涵盖烘焙、裱花、慕斯、咖啡、甜品等多个方向。每年帮助上千名学员成功就业创业。